1991—2020 年内蒙古东部地区气候特点与天气现象分析

杨　鹏　刘天琦　主编

气象出版社
China Meteorological Press

内容简介

本书基于1991—2020年的气象观测资料，通过系统整理、质量控制、科学统计、标准值整编、综合分析，结合天气气候环流背景及现代信息技术编制而成，全面、系统、准确地描述了内蒙古自治区呼伦贝尔市、兴安盟、通辽市、赤峰市4个盟(市)35个旗(县、区)的气温、湿度、风、降水、能见度、冻土、积雪、蒸发等气象要素的统计特点和天气气候特征，可为气象、农业、水利、生态环境、地理、教育、交通运输、国土资源、能源等领域的业务、科研等人员使用，也可供防灾减灾、建设规划等相关业务和科研人员参考。

图书在版编目（CIP）数据

1991—2020年内蒙古东部地区气候特点与天气现象分析 / 杨鹏，刘天琦主编. -- 北京 ： 气象出版社，2023.9

ISBN 978-7-5029-8040-5

Ⅰ. ①1… Ⅱ. ①杨… ②刘… Ⅲ. ①气候变化－历史－内蒙古－1991-2020 Ⅳ. ①P467

中国国家版本馆CIP数据核字(2023)第177349号

1991—2020年内蒙古东部地区气候特点与天气现象分析

1991—2020 Nian Neimenggu Dongbu Diqu Qihou Tedian yu Tianqi Xianxiang Fenxi

---

出版发行：气象出版社

地　　址：北京市海淀区中关村南大街46号　　**邮政编码**：100081

电　　话：010-68407112(总编室)　010-68408042(发行部)

网　　址：http://www.qxcbs.com　　**E-mail**：qxcbs@cma.gov.cn

责任编辑：张　媛　　**终　　审**：张　斌

责任校对：张硕杰　　**责任技编**：赵相宁

封面设计：艺点设计

印　　刷：三河市君旺印务有限公司

开　　本：787 mm×1092 mm　1/16　　**印　　张**：6.25

字　　数：160千字

版　　次：2023年9月第1版　　**印　　次**：2023年9月第1次印刷

定　　价：40.00元

《1991—2020年内蒙古东部地区气候特点与天气现象分析》

编 委 会

主　编:杨　鹏　刘天琦

成　员(按姓氏笔画排序):

乔　森　杜　宇　岑　瑶　何学敏

张蛟娇　胡美兰　段晓梅　徐艳琴

陶　睿　陶　鑫　韩仲强

前　言

内蒙古东部地区是中国北方重要的区域之一，其气候条件对当地的社会经济和生态环境发展都有深远的影响。近年来，随着全球气候变化和人类活动的加剧，该地区的气候也在不断变化。这些变化不仅影响了当地的农牧业、能源等行业，还对该地区的生态环境和人类生活产生了影响。

本书对内蒙古东部地区1991—2020年的气候特点和天气现象进行了全面、系统地总结和分析，根据各地区地面气象数据观测，统计整理1991—2020年基础气候资料，分析其主要气候特点，包括气温、降水、风速、沙尘、结冰、积雪等方面天气现象。希望通过本书的出版，能够加深人们对该地区气候和天气的了解，为当地的可持续发展提供科学依据和建议。

本书共分4章，内容包括呼伦贝尔市、兴安盟、通辽市、赤峰市4个盟、市的35个旗（县、区）的气候特点和天气现象分析，通过统计图表的方式进行更加直观的展示，希望能帮助读者更加形象地了解内蒙古东部地区的气候特点和天气现象，并且有利于读者进行对比和分析。

本书编写成员全部来自气象业务一线，第1章由何学敏、陶鑫、陶睿、韩仲强编写；第2章由段晓梅、胡美兰编写；第3章由杜宇、岑瑶、乔淼编写；第4章由张蛟娇、徐艳琴、胡美兰编写。全书由杨鹏、刘天琦完成统稿、内容修改等工作。

最后，感谢所有为本书撰写和出版付出努力的人员，也希望读者能够从本书中获得有益的知识和启示。限于编者水平有限，本书结构和内容难免有疏忽或不完善之处，谨请专家和读者不吝指正。

作者

2023年4月于呼和浩特

目　录

第 1 章　呼伦贝尔市气候特点与天气现象分析

呼伦贝尔市地处内蒙古自治区东北部，是中国纬度最高的地区之一，以境内的呼伦湖和贝尔湖得名，南部与兴安盟相连，东部以嫩江为界、与黑龙江省为邻，北部和西北部以额尔古纳河为界、与俄罗斯接壤，西部和西南部同蒙古国交界，寒温带和中温带大陆性季风气候特点显著。全市气候特点是冬季寒冷漫长，夏季温凉短促，春季干燥风大，秋季气温骤降、霜冻早。热量不足，昼夜温差大，无霜期短，但日照丰富，降水量差异大，降水期多集中在 7—8 月。全年气温冬冷夏暖，气温年较差和日较差大。全市大部分地区年平均气温在 0 ℃以下，只有大兴安岭以东和大兴安岭以西少部分地区在 0 ℃以上，大兴安岭以东农区年平均气温在 1.3～2.4 ℃，大兴安岭地区为−2.0～5.3 ℃，牧区为 0.4～3.0 ℃。最冷月(1 月)平均气温在−18～−30 ℃，最热月(7 月)平均气温在 16～21 ℃。降水量变率大，分布不均匀，年际变化也较大。冬、春两季各地降水量一般为 40～80 mm，共占年降水量的 15%左右。夏季降水量大而集中，大部分地区为 200～300 mm，占年降水量的 65%～70%，秋季降水量相应减少，总的分布趋势是：农区 60～80 mm，林区50～80 mm，牧区 30～50 mm。

1.1　海拉尔市

海拉尔地处内蒙古东北部，属中温带半干旱大陆性季风气候。由于纬度高，远离海洋，加之大兴安岭的屏障作用，使湿润的海洋性气团的影响减弱，大部分时间在西伯利亚高压的控制之下，形成了如下区域气候特点：春季多大风而少雨，蒸发量大；夏季温凉而短促，降水集中；秋季降温快，霜冻早；冬季严寒漫长，地面积雪时间长；年平均气温−0.2 ℃，极端最高气温 41.7 ℃，极端最低气温−42.9 ℃；年平均降水量 346.6 mm，年最多降水量 619.1 mm，降水主要集中在 6—8 月，占年降水量的 66%，年相对湿度 65%；年平均风速 3.4 m/s，最多风向为西，年大风日数多；年蒸发量 1172.7 mm；年积雪日数约为 131 d，最大积雪深度达到 34 cm；海拉尔市日照较充足，年平均日照时数为 2591.1 h，日照百分率为 58%；冻土分布特点：10 月开始自北向南开始封冻，最大冻土深度可达 319 cm，次年 5 月开始冻土慢慢融化，并于 8 月化通。

海拉尔市天气现象统计详情如表 1.1.1 所示。

表 1.1.1　海拉尔市主要天气现象统计(1991—2020 年平均)

天气现象	发生日数/d	天气现象	发生日数/d
霜	176.7	大风	18.4
沙尘暴	0.3	冰雹	0.5
雾	4.1	降雪	56.0

全年月最高气温 41.7 ℃，出现在 8 月，月最低气温 −42.9 ℃，出现在 1 月，月平均气温在 −25.0～20.9 ℃，四季分明。各月气温情况如图 1.1.1 所示。

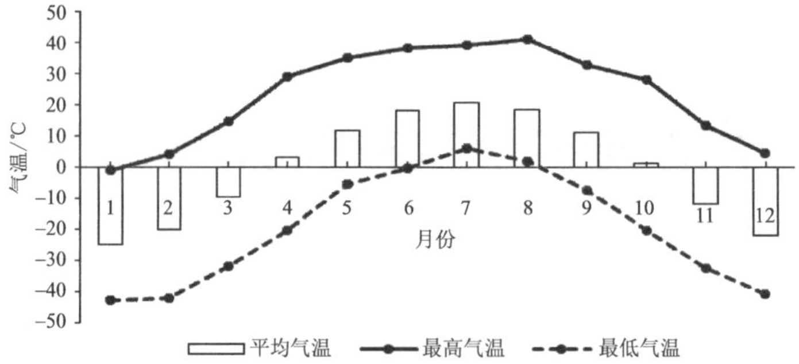

图 1.1.1　1991—2020 年海拉尔市各月气温情况

海拉尔市降水主要集中在 6—8 月，其中 7—8 月的降水量占全年降水量的 50.5%，月降水量和最大连续降水量 7 月多于 8 月，但 8 月单次降水过程持续时间长。各月降水量情况如图 1.1.2 所示。

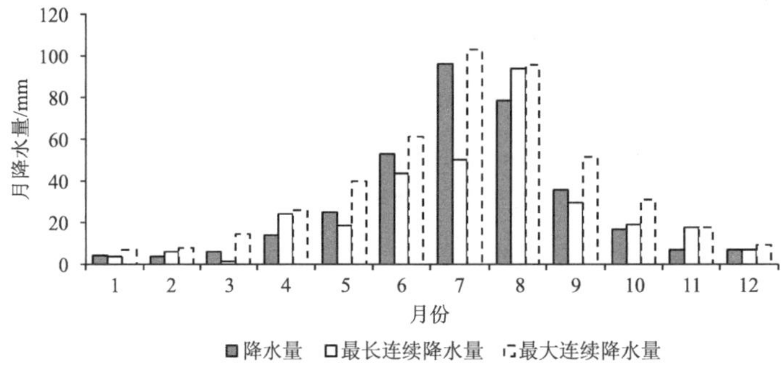

图 1.1.2　1991—2020 年海拉尔市降水量情况

海拉尔市主要盛行南风，风向频率为 12.64%，其次为南东南风，风向频率为 9.84%；全年出现静风的频率较低(6.28%)。具体风向频率如图 1.1.3 所示。

晴天日数占全年日数的 26.4%，阴天日数占全年日数的 15.2%，晴天主要出现在秋、冬季，均占每月日数的 30%以上，阴天主要出现在夏季，达每月日数的 20%以上。

海拉尔市霜、结冰、积雪日数月年变化一致性较高，冬季霜日数可超过每月日数的 91%，结冰日数可超过每月日数的 94%，积雪日数可超过每月日数的 90%，无霜期主要出现在 7—8 月，一般 9 月开始出现霜、结冰、积雪，次年 6 月积雪完全融化、结冰消失。具体霜、结冰、积雪日数如图 1.1.4 所示。

海拉尔市扬沙、沙尘暴天气较少，大风天气较多，年沙尘暴日数不足 1 d，扬沙和沙尘暴天气主要发生在春季，大风天气主要发生在春、秋两季，大风较多日数主要出现在 4 月和 5 月，5 月平均沙尘暴日数为 0.1 d，平均扬沙日数为 0.8 d，平均大风日数为 5.2 d。各月扬沙、大风、沙尘暴日数如图 1.1.5 所示。

海拉尔市空气质量较好，雾、霾天气出现较少，霾主要出现在冬季，月最多霾出现日数为 1.2 d；轻雾、雾天气主要出现在夏季，以 8 月居多，月雾日数为 1.0 d，月轻雾日数为 1.4 d。

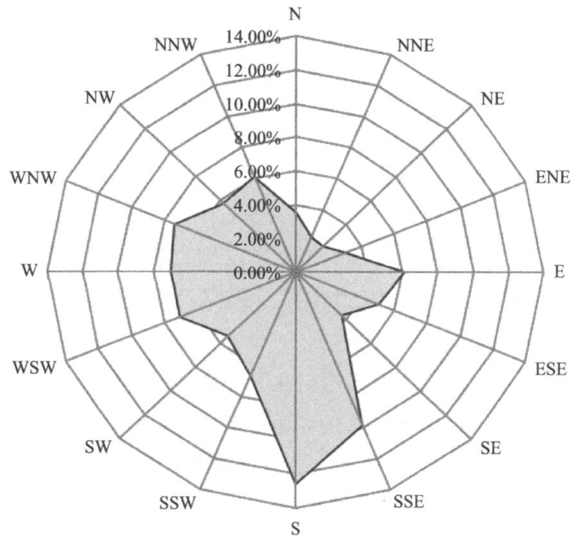

图 1.1.3　1991—2020 年海拉尔市风玫瑰图

N 表示北，NNE 表示北东北，NE 表示东北，ENE 表示东东北，E 表示东，ESE 表示东东南，SE 表示东南，SSE 表示南东南，S 表示南，SSW 表示南西南，SW 表示西南，WSW 表示西西南，W 表示西，WNW 表示西西北，NW 表示西北，NNW 表示北西北，下同

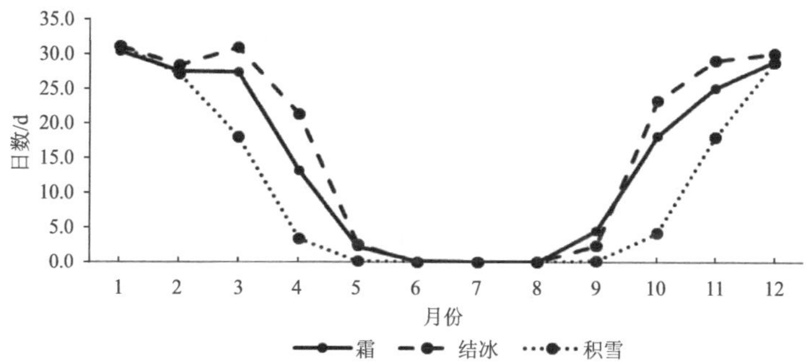

图 1.1.4　1991—2020 年海拉尔市霜、结冰、积雪日数

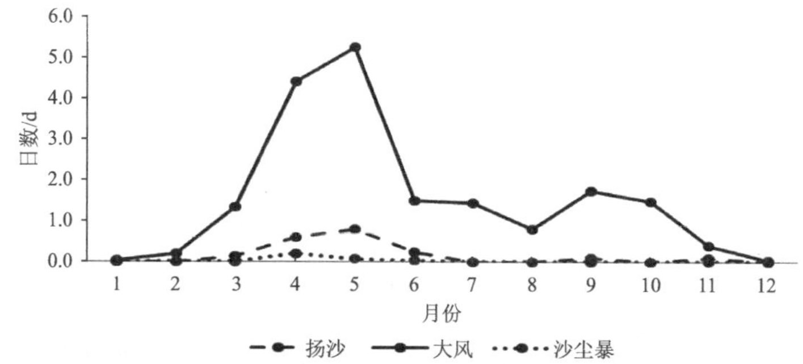

图 1.1.5　1991—2020 年海拉尔市扬沙、大风、沙尘暴日数

闪电、雷暴、冰雹主要发生在 5—9 月，雷暴以 7 月最多，雷暴发生日数为 5.5 d，冰雹发生日数为 0.3 d；闪电以 6 月和 8 月最多，发生日数均为 0.2 d。

海拉尔市全年雨日数为 76.8 d，雪日数为 56.0 d，雨季主要出现在夏季(5—9 月)，以 7 月降水日数最多，为 16.4 d；冬季以 12 月降雪日数最多，为 11.6 d；春、秋季有雨雪交加或雨夹雪的天气发生。

1.2　满洲里市

满洲里市位于内蒙古呼伦贝尔市西部，西接蒙古国，北邻俄罗斯，南濒呼伦湖，东靠呼伦贝尔大草原，是中国最大的陆路口岸。满洲里市位于欧亚大陆东部的中高纬度地区，该地区靠近西伯利亚，是我国天气最冷的地区之一。

满洲里市属于中温带大陆性季风气候区，四季分明，其主要特点是：冬季寒冷漫长，夏季雨量集中，春季干燥风大，秋季气温骤降。另外，霜冻早，回暖快，光照充足，气温年较差和日较差大。年平均气温为0 ℃，极端最高气温为 41 ℃，极端最低气温为－44.9 ℃，年平均降水量为 258.3 mm，年相对湿度为 61%，年平均日照时数为 3026.6 h，日照百分率为 69%，年蒸发量为 1495.1 mm，年平均风速为 3.8 m/s，最多风向为西。本地降水量分布特点：降水主要集中在 6—8 月，约占年降水量的 71%，最大日降水量达 97.5 mm。冻土分布特点：10 月开始自北向南封冻，最大冻土深度可达 367.0 cm，次年 7 月开始，冻土慢慢融化。

满洲里市天气现象统计详情见表 1.2.1。

表 1.2.1　满洲里市主要天气现象统计(1991—2020 年平均)

天气现象	发生日数/d	天气现象	发生日数/d
霜	153.8	大风	30.3
沙尘暴	0.4	冰雹	0.7
雾	2.9	降雪	49.7

全年月最高气温 41.0 ℃，出现在 8 月，月最低气温－44.9 ℃，出现在 1 月，月平均气温在－23.5～20.9 ℃，四季分明。各月气温情况如图 1.2.1 所示。

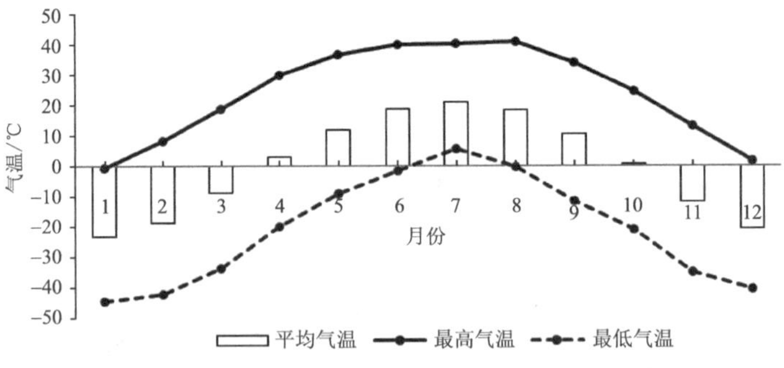

图 1.2.1　1991—2020 年满洲里市各月气温情况

降水主要集中在 6—8 月，其中 7—8 月的降水量占全年降水量的 52.7%，月降水量 7 月多于 8 月，但 8 月单次降水过程降水量大，持续时间长。各月降水量情况如图 1.2.2 所示。

年最多风向为西，其频率为 12.40%，即主要盛行西风；除西风外，主要盛行西北偏西风，风向频率为 11.99%，静风的频率为 6.12%。具体风向频率如图 1.2.3 所示。

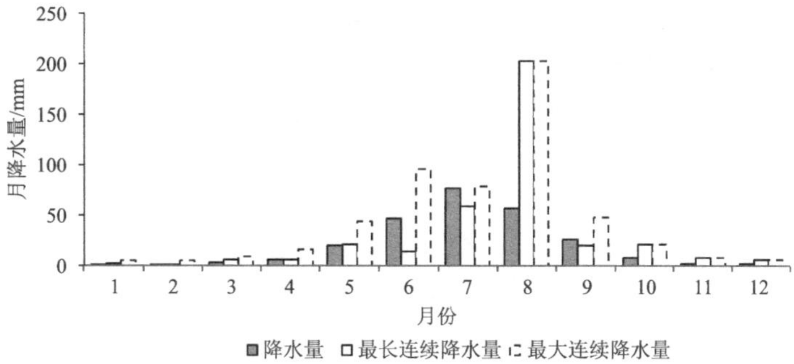

图 1.2.2　1991—2020 年满洲里市降水量情况

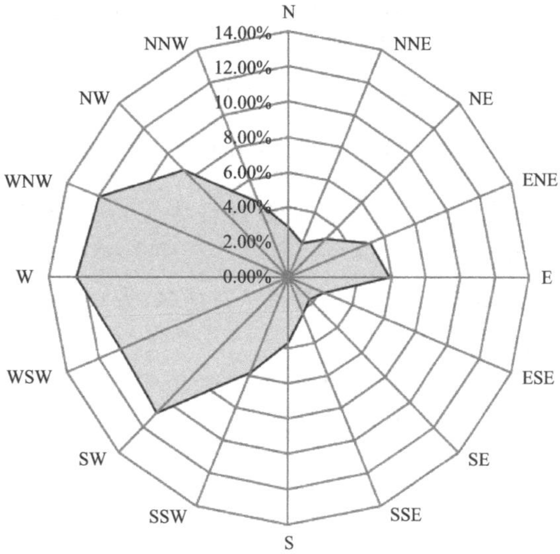

图 1.2.3　1991—2020 年满洲里市风玫瑰图

晴天日数占全年日数的 29.0%，阴天日数占全年日数的 13.3%，晴天主要以秋、冬季为主，可达每月日数的 33.8%，阴天夏季出现较多，可达每月日数的 12.4%。

霜、结冰、积雪日数月年变化一致性较高，冬季霜日数可超过每月日数的 89%，结冰日数可超过每月日数的 99%，积雪日数可超过每月日数的 93%，无霜期主要出现在 6—8 月，一般 9 月出现结冰，10 月出现积雪，次年 6 月积雪完全融化，6 月结冰消失。各月霜、结冰、积雪日数如图 1.2.4 所示。

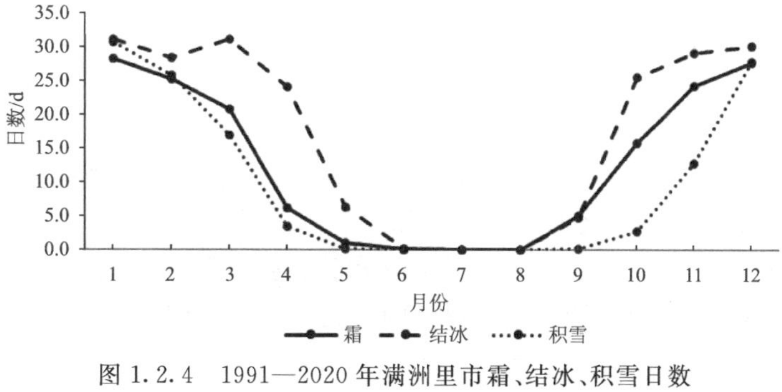

图 1.2.4　1991—2020 年满洲里市霜、结冰、积雪日数

满洲里市扬沙、沙尘暴天气较少，年沙尘暴日数不足 1 d，大风、沙尘暴天气主要发生在春季，大风较多日数主要出现在 4 月和 5 月，5 月平均沙尘暴日数为 0.2 d，平均扬沙日数为 0.4 d，平均大风日数为 8.0 d。各月扬沙、大风、沙尘暴日数如图 1.2.5 所示。

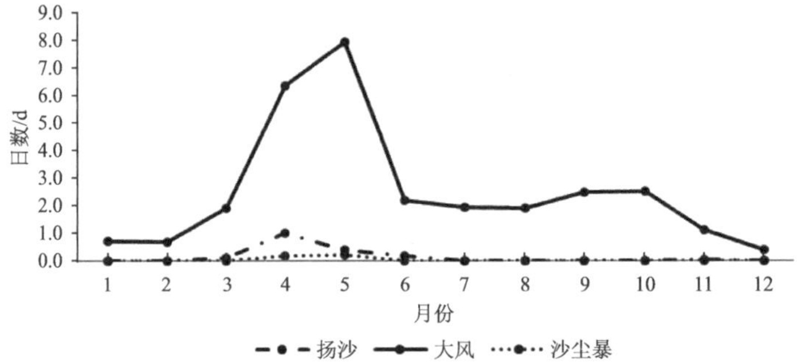

图 1.2.5　1991—2020 年满洲里市扬沙、大风、沙尘暴日数

满洲里市霾主要出现在秋、冬和春季，月最多霾日数为 1.5 d；轻雾、雾主要出现在夏季，以 8 月居多，月轻雾日数为 1.6 d。

闪电、雷暴、冰雹主要发生在 5—9 月，雷暴以 7 月居多，为 6.7 d；闪电以 8 月居多，为 1.8 d；冰雹以夏季居多，月最多日数为 0.2 d。

满洲里市全年雨日数为 81.8 d，雪日数为 49.7 d，雨季主要出现在夏季（5—9 月），以 7 月降水日数最多，为 17.3 d，冬季以 12 月降雪日数最多，为 9.8 d，春季和秋季有雨雪交加或雨夹雪的天气发生。

1.3　额尔古纳市

额尔古纳市地处内蒙古东北部，大兴安岭的西北麓，呼伦贝尔草原的北端，额尔古纳河的右岸。属中温带大陆性季风气候。由于背靠大兴安岭，是半干旱和半湿润相结合的气候，南部是以半干旱地区为主的耕地和草原，是呼伦贝尔草原和林区的过渡地带。

四季分明，冬季寒冷漫长、降水少，春季温度回升急剧、多风、降水少且变率大，夏季短暂，雨热同季，秋季温凉短促。初霜早，无霜期短，光照充足。年平均气温为－1.6 ℃，极端最高气温为 39 ℃，极端最低气温为－46.8 ℃，年平均降水量为 351.3 mm，年平均相对湿度为 64%，年平均日照时数 3127.5 h，日照百分率为 71%，年蒸发量为 1223.8 mm，年平均风速为 1.8 m/s，最多风向为西。本地降水量分布特点：降水主要集中在 6—8 月，约占年降水量的 68%，最大日降水量达 64.0 mm。冻土分布特点：常年冻土，最大冻土深度可达 394.0 cm。

额尔古纳市天气现象统计详情见表 1.3.1。

全年月最高气温 39.0 ℃，出现在 6 月，月最低气温－46.8 ℃，出现在 1 月，月平均气温在－28.0～20.3 ℃，四季分明。各月气温情况如图 1.3.1 所示。

降水主要集中在 6—8 月，其中 7—8 月的降水量占全年降水量的 52.1%，月降水量 7 月多于 8 月，但 8 月单次降水过程降水量大，持续时间长。各月降水量情况如图 1.3.2 所示。

表 1.3.1　额尔古纳市主要天气现象统计(1991—2020 年平均)

天气现象	发生日数/d	天气现象	发生日数/d
霜	184.4	大风	4.6
沙尘暴	0.2	冰雹	1.0
雾	4.9	降雪	66.7

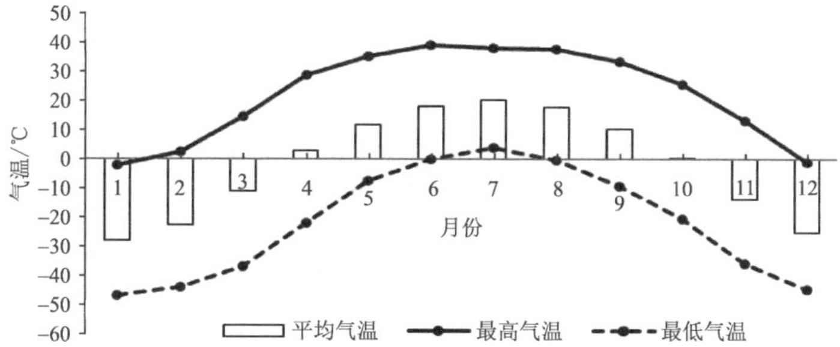

图 1.3.1　1991—2020 年额尔古纳市各月气温情况

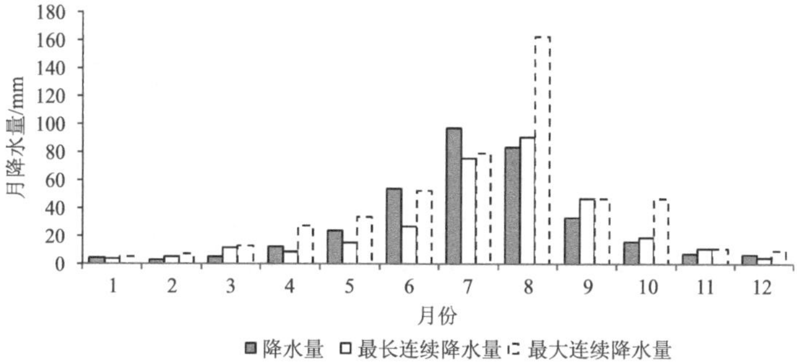

图 1.3.2　1991—2020 年额尔古纳市降水量情况

全年盛行静风，其频率为 25.83%，即全年超过 1/4 的时间风速较小，几乎无风；除静风外，主要盛行西风，风向频率为 10.30%。具体风向频率如图 1.3.3 所示。

晴天日数占全年日数的 27.5%，阴天日数占全年日数的 15.7%，晴天主要以秋、冬季为主，可达每月日数的 50%，阴天主要以夏季为主，可达每月日数的 33%。

霜、结冰、积雪日数月年变化一致性较高，冬季霜、结冰、积雪日数可超过每月日数的 86%，无霜期主要出现在 6—8 月，一般 9 月出现结冰与积雪，次年 6 月积雪完全融化，7 月结冰消失。各月霜、结冰、积雪日数如图 1.3.4 所示。

额尔古纳市大风、沙尘天气较少，年沙尘暴日数不足 1 d，大风、沙尘天气主要发生在春季，大风较多日数主要出现在 4 月和 5 月，5 月平均沙尘暴日数为 0.1 d，平均扬沙日数为 0.5 d，平均大风日数为 1.7 d。各月扬沙、大风、沙尘暴日数如图 1.3.5 所示。

额尔古纳市空气质量较好，雾、霾天气出现较少，霾主要出现在秋、冬和春季，1 月最多霾日数为 2.1 d；轻雾、雾主要出现在夏季，以 8 月居多，8 月雾日数为 1.7 d。

闪电、雷暴、冰雹主要发生在 5—9 月，雷暴、闪电以 7 月居多，雷暴为 6.4 d，闪电为 1.0 d；冰雹以 9 月最多，为 0.3 d。

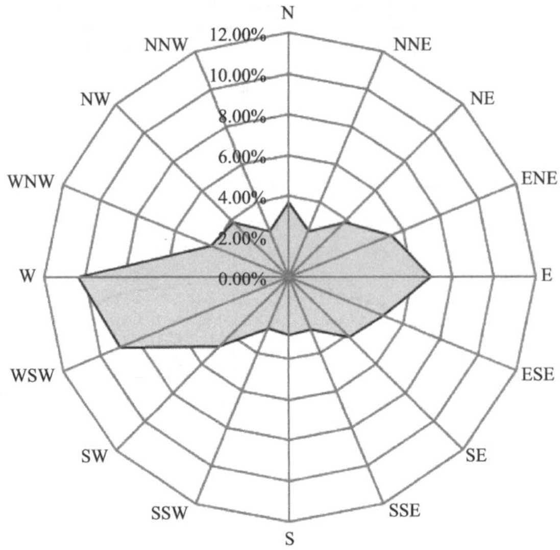

图 1.3.3　额尔古纳市风玫瑰图

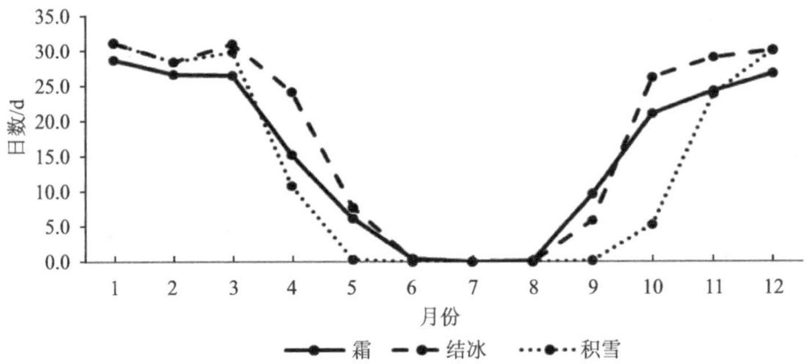

图 1.3.4　1991—2020年额尔古纳市霜、结冰、积雪日数

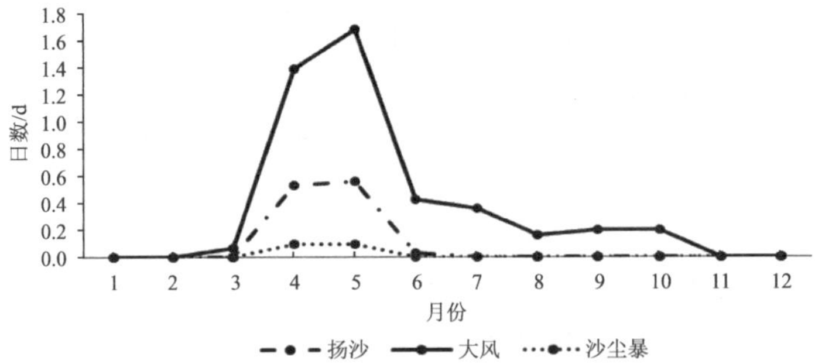

图 1.3.5　1991—2020年额尔古纳市扬沙、大风、沙尘暴日数

额尔古纳地区全年雨日数为88.9 d，雪日数为66.7 d，降水主要出现在夏季(5—9月)，以7月降水日数最多，为17.7 d，冬季以12月降雪日数最多，为14.1 d，春季和秋季有雨雪交加或雨夹雪天气发生。

1.4　阿荣旗

阿荣旗地处内蒙古呼伦贝尔市南部，属于中温带温和半湿润气候。四季分明，冬季漫长寒冷，春季升温快，秋季降温剧烈，春温略高于秋温，夏季短而热，降水集中，雨热同季，无霜期短，日照充足，积温有效性高。

年平均气温为 3.7 ℃，极端最高气温为 40.6 ℃，极端最低气温为－37.2 ℃，年平均降水量为 505.5 mm，年平均相对湿度为 59%，年平均日照时数为 2503.9 h，日照百分率为 57%，年蒸发量为 1476.4 mm，年平均风速为 2.5 m/s，最多风向为西北。本地降水量分布特点：降水主要集中在 6—8 月，约占年降水量的 71%，最大日降水量达 125.7.0 mm。冻土分布特点：10 月开始自北向南封冻，最大冻土深度可达 220.0 cm，次年 5 月开始冻土慢慢融化，并于 7 月化通。

阿荣旗天气现象统计详情见表 1.4.1。

表 1.4.1　阿荣旗主要天气现象统计(1991—2020 年平均)

天气现象	发生日数/d	天气现象	发生日数/d
霜	132.7	大风	6.9
沙尘暴	0	冰雹	0.7
雾	5.1	降雪	34.1

全年月最高气温 40.6 ℃，出现在 6 月，月最低气温－37.2 ℃，出现在 1 月，月平均气温在－17.7～22.7 ℃，四季分明。各月气温情况如图 1.4.1 所示。

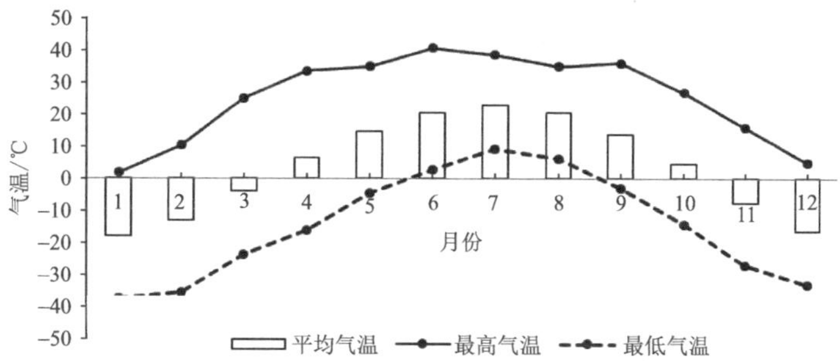

图 1.4.1　1991—2020 年阿荣旗各月气温情况

降水主要集中在 6—8 月，其中 7—8 月的降水量占全年降水量的 52.4%，月降水量 7 月多于 8 月，但 8 月单次降水过程降水量大，持续时间长。各月降水量情况如图 1.4.2 所示。

阿荣旗年最多风向为西北，其频率为 17.15%，除西北风外，盛行西北偏西风，风向频率为 13.38%，静风风向频率为 8.12%。具体风向频率如图 1.4.3 所示。

霜、结冰、积雪日数月年变化一致性较高，冬季霜、结冰、积雪日数可超过每月日数的 64%，无霜期主要出现在 6—8 月，一般 9 月出现结冰，10 月出现积雪，次年 5 月积雪完全融化，6 月结冰消失。各月霜、结冰、积雪日数如图 1.4.4 所示。

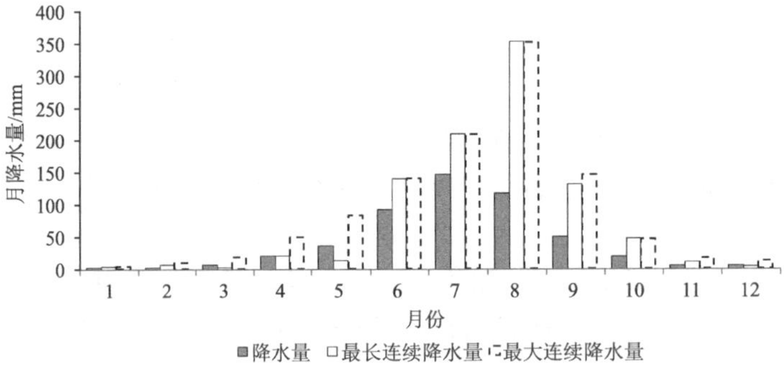

图 1.4.2 1991—2020 年阿荣旗降水量情况

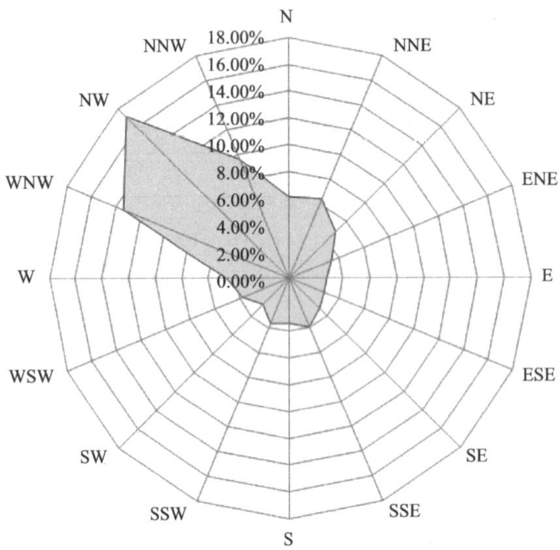

图 1.4.3 1991—2020 年阿荣旗风玫瑰图

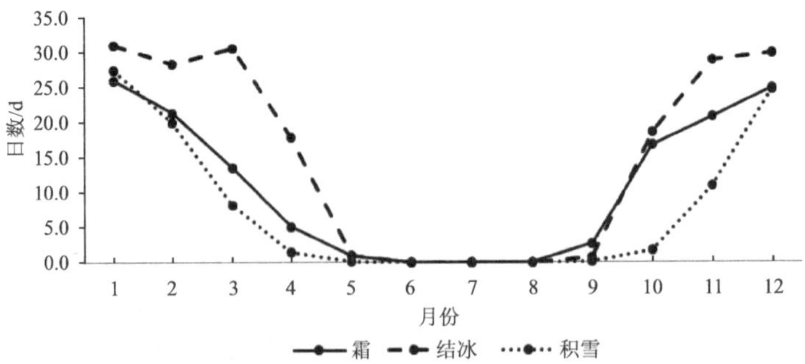

图 1.4.4 1991—2020 年阿荣旗霜、结冰、积雪日数

阿荣旗没有沙尘暴天气发生，年扬沙日数不足 1 d，大风、扬沙天气主要发生在春季，大风较多日数主要出现在 4 月和 5 月，5 月平均扬沙日数为 0.1 d，平均大风日数为 2.1 d。各月扬沙、大风、沙尘暴日数如图 1.4.5 所示。

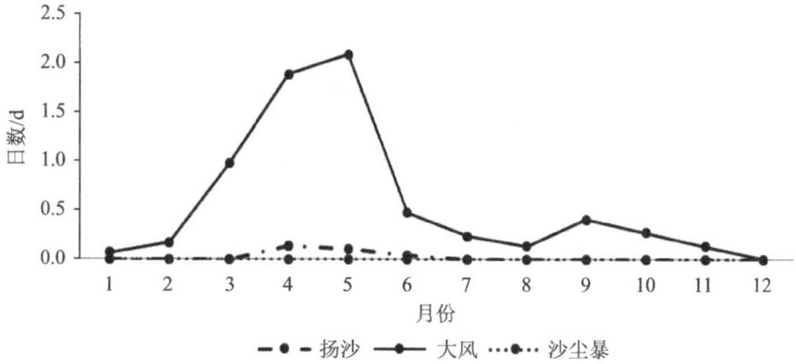

图 1.4.5　1991—2020 年阿荣旗扬沙、大风、沙尘暴日数

阿荣旗空气质量较好，雾、霾天气出现较少，霾四季都有少量出现，月最多霾日数为 0.2 d；轻雾、雾主要出现在夏季，以 8 月居多，月雾日数为 1.9 d。

闪电、雷暴、冰雹主要发生在 5—9 月，雷暴以 7 月居多，为 4.4 d；闪电以 8 月居多，为 0.5 d；冰雹以 6 月最多，为 0.3 d。

阿荣旗全年雨日数为 84.1 d，雪日数为 34.1 d，雨季主要出现在夏季(5—9 月)，以 7 月降水日数最多，为 16.7 d，冬季以 12 月降雪日数最多，为 8.0 d，春季和秋季有雨雪交加或雨夹雪天气发生。

1.5　陈巴尔虎旗

陈巴尔虎旗地处内蒙古呼伦贝尔市西北部，属中温带半湿润大陆性气候，中、西部属中温带半干旱大陆性气候区。四季分明，冬季漫长寒冷，春季干旱多风，夏季温热短促，降水集中，雨热同季。无霜期较短，日照充足，积温有效性低，降水量偏少，蒸发量大。年平均气温为−0.4 ℃，极端最高气温为 41.6 ℃，极端最低气温为 −45.5 ℃，年平均降水量为 320 mm，年平均相对湿度为 64%，年平均日照时数为 2835.8 h，日照百分率为 64%，年蒸发量为 1273.6 mm，年平均风速 2.3 m/s，最多风向为西。本地降水量分布特点：降水主要集中在 6—8 月，约占年降水量的 67%，最大日降水量达 83.8 mm。冻土分布特点：9 月开始自北向南封冻，最大冻土深度可达 285.0 cm，次年 7 月开始冻土慢慢融化，并于 8 月化通。

陈巴尔虎旗天气现象统计详情见表 1.5.1。

表 1.5.1　陈巴尔虎旗主要天气现象统计(1991—2020 年平均)

天气现象	发生日数/d	天气现象	发生日数/d
霜	182.4	大风	10.8
沙尘暴	0.6	冰雹	1.6
雾	6.4	降雪	70.7

全年月最高气温 41.6 ℃，出现在 8 月，月最低气温 −45.5 ℃，出现在 1 月，月平均气温在 −26.0～21.1 ℃，四季分明。各月气温情况如图 1.5.1 所示。

降水主要集中在 6—8 月，其中 7—8 月的降水量占全年降水量的 52.1%，月降水量 7 月多于 8 月，其中 7 月和 8 月均是最大连续降水量最大，即降水过程量大，持续时间相对较短。

各月降水量情况如图 1.5.2 所示。

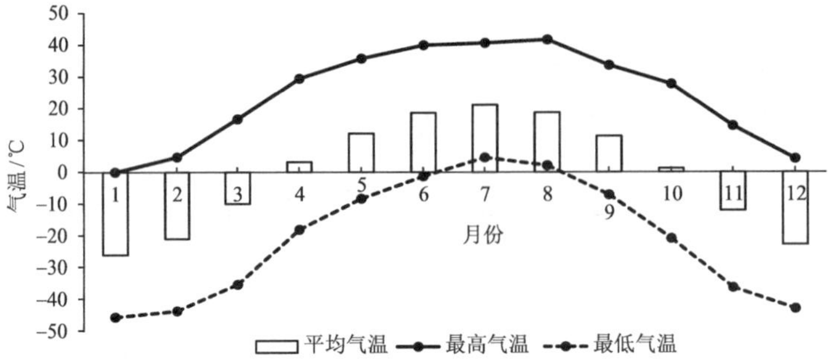

图 1.5.1　1991—2020 年陈巴尔虎旗各月气温情况

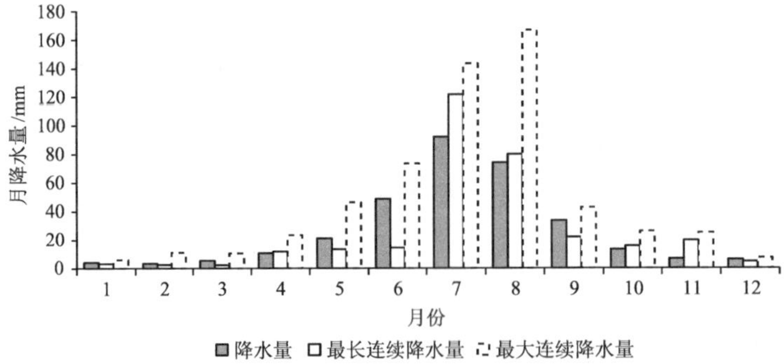

图 1.5.2　1991—2020 年陈巴尔虎旗降水量情况

全年盛行静风，其频率为 13.05%，即全年大于 1/8 的时间风速较小，几乎无风；除静风外，主要盛行西风，风向频率为 11.42%。具体风向频率如图 1.5.3 所示。

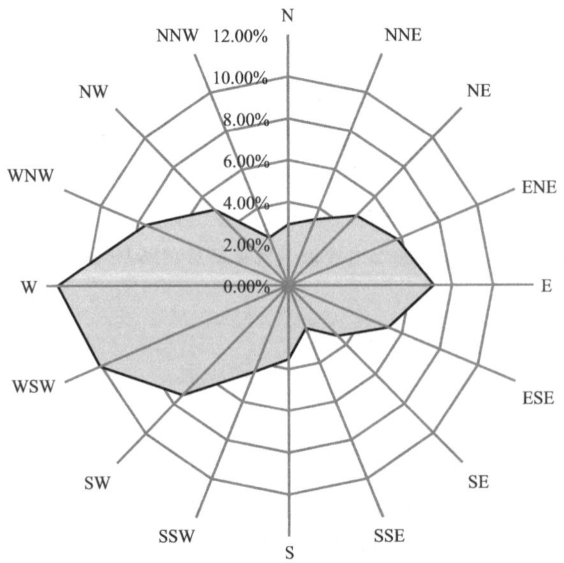

图 1.5.3　1991—2020 年陈巴尔虎旗风玫瑰图

霜、结冰、积雪日数月年变化一致性较高，冬季霜、结冰、积雪日数可超过每月日数的 92.9%，无霜期主要出现在 6—8 月，一般 9 月出现结冰和积雪，次年 6 月积雪完全融化、结冰消失。各月霜、结冰、积雪日数如图 1.5.4 所示。

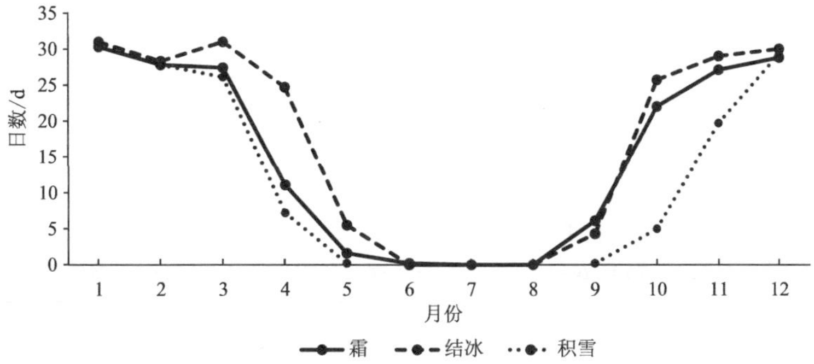

图 1.5.4　1991—2020 年陈巴尔虎旗霜、结冰、积雪日数

陈巴尔虎旗沙尘暴天气较少，年沙尘暴日数不足 1 d，大风、沙尘天气主要发生在春季，大风较多日数主要出现在 4 月和 5 月，5 月平均大风日数为 3.2 d，4 月平均扬沙日数为 1.1 d，5 月和 6 月平均沙尘暴日数均为 0.2 d。各月扬沙、大风、沙尘暴日数如图 1.5.5 所示。

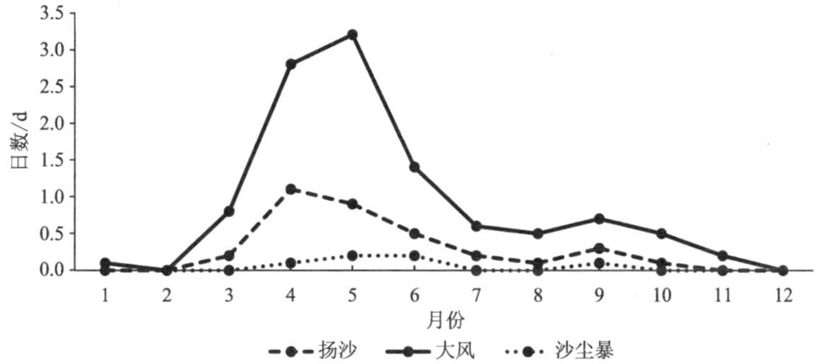

图 1.5.5　1991—2020 年陈巴尔虎旗扬沙、大风、沙尘暴日数

陈巴尔虎旗霾天气出现较少，霾主要出现在夏季和冬季，1 月和 8 月平均霾日数均为 0.1 d；雾、轻雾主要出现在秋、冬和夏季，以 1 月居多，月最多雾日数为 1.9 d，月最多轻雾日数为 1.6 d。

闪电、雷暴、冰雹主要发生在 5—9 月，雷暴以 7 月居多，雷暴为 6.9 d；冰雹以 6 月最多，为 0.5 d；闪电以 8 月最多，闪电为 1.3 d。

陈巴尔虎旗全年雨日数为 91.8 d，雪日数为 70.7 d，雨季出现在 3—10 月，以 7 月降水日数最多，为 18.3 d，冬季以 12 月降雪日数最多，为 14.0 d，春季和秋季有雨雪交加或雨夹雪天气发生。

1.6　鄂伦春自治旗

鄂伦春自治旗地处内蒙古呼伦贝尔市东南部，属寒温带大陆性季风气候。由于纬度偏高，远离海洋，加之大兴安岭的屏障作用，使湿润的海洋性气团的影响减弱，境内大部分时间在西伯利亚高压的控制之下，形成了如下区域气候特点：春季多风，降水稀少，气温多变；夏季温和，降水集中；秋季降温剧烈，霜期早；冬季漫长严寒。年平均气温为－0.1 ℃，年平均降水量为562.5 mm，年平均相对湿度65%，年平均日照时数为2563.8 h，日照百分率为59%，年蒸发量1076.6 mm，年平均风速1.8 m/s，最多风向为北西北。

本地区降水量分布特点：降水主要集中在6—8月，约占年降水量的68%，最大日降水量达106.8 mm。冻土分布特点：9月开始自北向南封冻，最大冻土深度可达245 cm，次年6月开始冻土慢慢融化，并于7月化通。

鄂伦春自治旗天气现象统计详情见表1.6.1。

表1.6.1 鄂伦春自治旗主要天气现象统计(1991—2020年平均)

天气现象	发生日数/d	天气现象	发生日数/d
霜	160.8	大风	3.6
沙尘暴	0	冰雹	1.6
雾	33.8	降雪	52.4

全年月最高气温40.5 ℃，出现在6月，月最低气温－40.3 ℃，出现在1月，月平均气温在－21.7～19.8 ℃，四季分明。各月气温情况如图1.6.1所示。

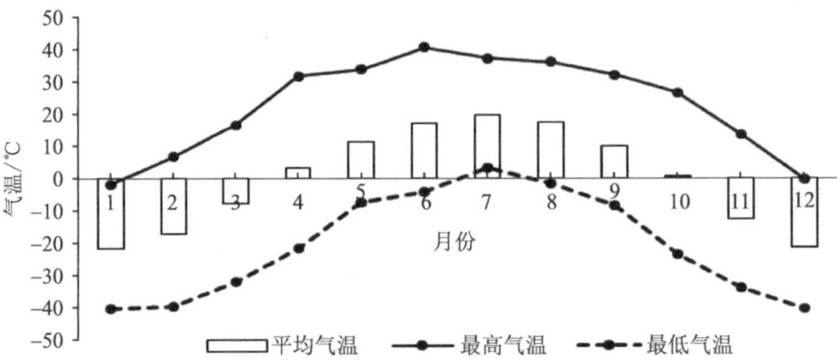

图1.6.1 1991—2020年鄂伦春自治旗各月气温情况

降水主要集中在6—8月，其中7—8月的降水量占全年降水量的51.1%，月降水量7月多于8月，在最大连续降水和最长连续降水中，9月单次降水过程降水量大。各月降水量情况如图1.6.2所示。

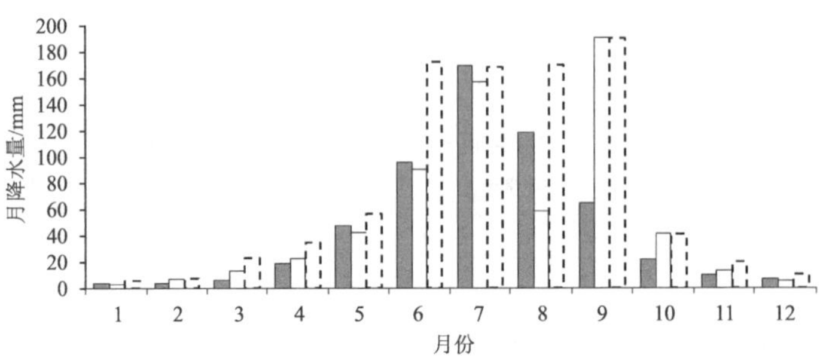

图1.6.2 1991—2020年鄂伦春自治旗降水量情况

全年盛行静风，风向频率为 17.40%，即全年超过 1/6 的时间为静风，除静风外，当地主要盛行北西偏北风，风向频率 13.96%。具体风向频率如图 1.6.3 所示。

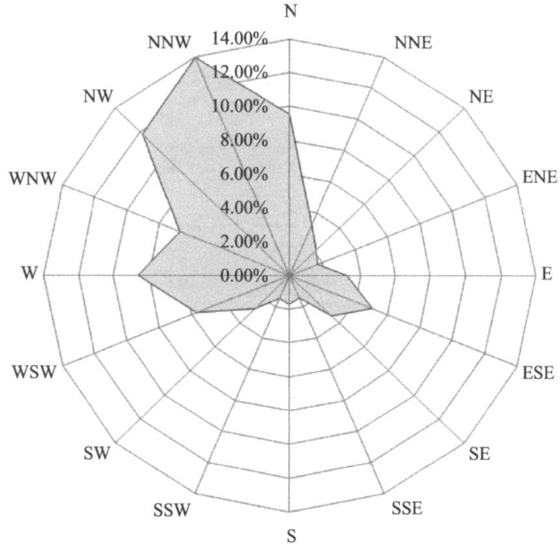

图 1.6.3　1991—2020 年鄂伦春自治旗风玫瑰图

霜、结冰、积雪日数月年变化一致性较高，冬季霜、结冰、积雪日数超过每月日数的 87%，无霜期主要出现在 6—8 月，一般 9 月出现结冰、积雪和霜，次年 6 月积雪完全融化，6 月结冰消失。各月霜、结冰、积雪日数如图 1.6.4 所示。

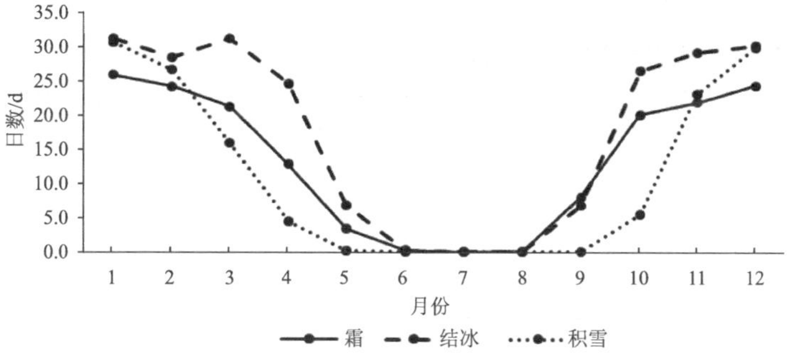

图 1.6.4　1991—2020 年鄂伦春自治旗霜、结冰、积雪日数

鄂伦春自治旗大风、沙尘天气较少，年沙尘暴日数为 0 d，大风发生在 3—10 月，大风较多日数主要出现在 5 月，大风日数为 1.3 d。各月扬沙、大风、沙尘暴日数如图 1.6.5 所示。

鄂伦春自治旗空气质量较好，雾、霾天气较少发生，12 月霾日数仅有 0.1 d；轻雾全年都有发生，雾主要出现在夏季和秋、冬季，轻雾以 7—8 月居多，月轻雾日数为 3.5，月雾日数为 11.2 d。

闪电、雷暴、冰雹主要发生在 5—9 月，雷暴以 7 月居多，雷暴为 10.5 d；闪电以 8 月居多，闪电为 0.8 d；冰雹以 6 月最多，为 0.5 d。

鄂伦春自治旗全年雨日数为 93.4 d，雪日数为 52.4 d，降雨主要出现在夏季（5—9 月），以 7 月降水日数最多，为 19.3 d，冬季以 12 月降雪日数最多，为 9.7 d，春季和秋季有雨雪交加或雨夹雪天气发生。

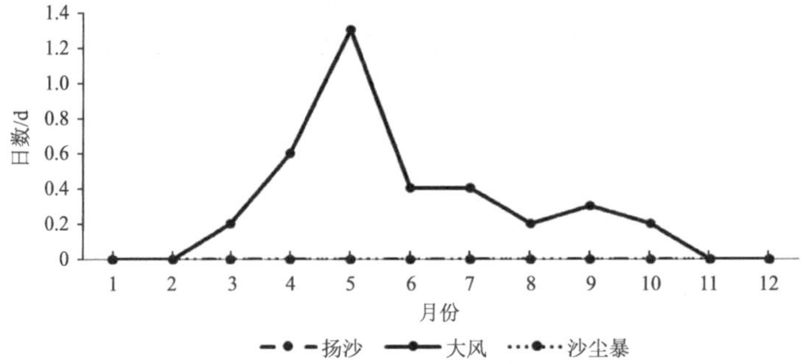

图 1.6.5　1991—2020 年鄂伦春自治旗扬沙、大风、沙尘暴日数

1.7　鄂温克族自治旗

鄂温克族自治旗位于内蒙古东北部呼伦贝尔草原东南端，大兴安岭西侧，属中温带大陆性气候。四季分明，冬季漫长严寒，夏季温和、降水集中，春季干燥风大，秋季气温骤降、霜冻来得早。无霜期短，日照充足。年平均气温为−0.5 ℃，极端最高气温为 41.7 ℃，极端最低气温为−43.6 ℃，年平均降水量为 332.2 mm，年平均相对湿度为 63%，年平均日照时数为 2881.5 h，日照百分率为 65%，年蒸发量为 1415.6 mm，年平均风速为 2.7 m/s，最多风向为南东南。本地降水量分布特点：降水主要集中在 6—8 月，约占年降水量的 66.3%，最大日降水量达 70.4 mm。冻土分布特点：9 月开始自北向南封冻，最大冻土深度可达 292.0 cm，次年 5 月开始冻土慢慢融化，并于 7 月化通。

鄂温克族自治旗天气现象统计详情见表 1.7.1。

表 1.7.1　鄂温克族自治旗主要天气现象统计(1991—2020 年平均)

天气现象	发生日数/d	天气现象	发生日数/d
霜	141.3	大风	9.9
沙尘暴	0.4	冰雹	0.7
雾	3.1	降雪	66.4

全年月最高气温 41.7 ℃，出现在 8 月，月最低气温−43.6 ℃，出现在 1 月，月平均气温在−25.6～18.5 ℃，四季分明。各月气温情况如图 1.7.1 所示。

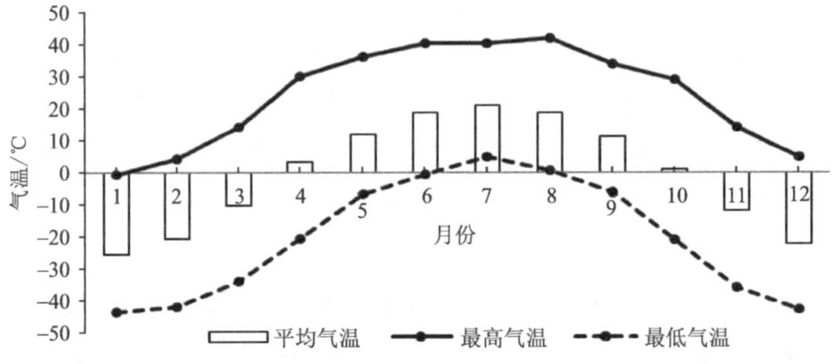

图 1.7.1　1991—2020 年鄂温克族自治旗各月气温情况

降水主要集中在 6—8 月，其中 7—8 月的降水量占全年降水量的 51.0%，月降水量 7 月多于 8 月，但 8 月单次过程降水量大，持续时间长。各月降水量情况如图 1.7.2 所示。

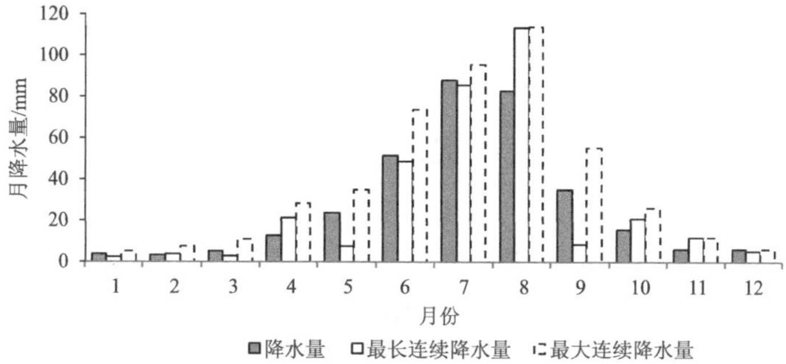

图 1.7.2　1991—2020 年鄂温克族自治旗降水量情况

鄂温克族自治旗盛行东南偏南风，其风向频率为 13.03%，即全年超过 1/10 的时间盛行东南偏南风，静风风向频率为 6.92%。具体风向频率如图 1.7.3 所示。

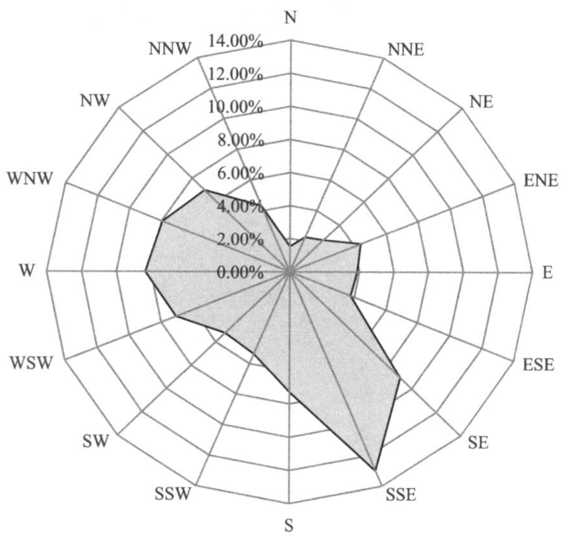

图 1.7.3　1991—2020 年鄂温克族自治旗风玫瑰图

霜、结冰、积雪日数月年变化一致性较高，冬季霜、结冰、积雪日数可超过每月日数的 90%，无霜期主要出现在 6—8 月，一般 9 月出现结冰和积雪，次年 6 月积雪完全融化、结冰消失。各月霜、结冰、积雪日数如图 1.7.4 所示。

鄂温克族自治旗大风、沙尘天气较少，年沙尘暴日数不足 1 d，大风、沙尘天气主要发生在春季，大风较多日数主要出现在 4 月和 5 月，5 月平均沙尘暴日数为 0.1 d，平均扬沙日数为 1.0 d，平均大风日数为 3.0 d。各月扬沙、大风、沙尘暴日数如图 1.7.5 所示。

鄂温克族自治旗空气质量较好，雾、霾天气出现较少，霾主要出现在秋、冬和春季，月最多霾日数为 1.0 d；轻雾、雾主要出现在秋季和春季，以 2 月居多，月雾日数为 0.7 d。

闪电、雷暴、冰雹主要发生在 5—9 月，雷暴、闪电以 7 月居多，雷暴为 6.0 d；冰雹以 6 月、9 月最多，均为 0.2 d。

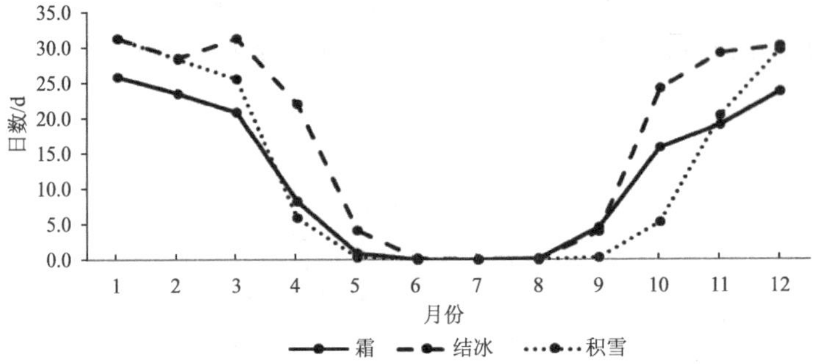

图 1.7.4 1991—2020年鄂温克族自治旗霜、结冰、积雪日数

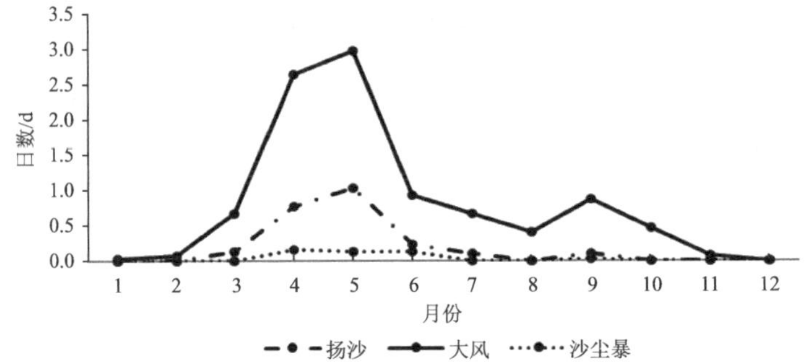

图 1.7.5 1991—2020年鄂温克族自治旗扬沙、大风、沙尘暴日数

鄂温克族自治旗全年雨日数为85.6 d,雪日数为66.4 d,雨季主要出现在夏季(5—9月),以7月降水日数最多,为17.4 d,冬季以12月降雪日数最多,为13.7 d,春季和秋季有雨雪交加或雨夹雪天气发生。

1.8 根河市

根河市地处内蒙古自治区东北部,大兴安岭的北段西坡。属于寒温带大陆性湿润区季风气候,冬长夏短,春秋相连,冬季降雪多、积雪期长。全年多阴雨天气,纬度高,日照少,风速小。连续极寒日数、冬季和1月平均最低气温的极端值为全国之最。

年平均气温为−3 ℃,极端最高气温为38.5℃,极端最低气温为−46.2 ℃,年平均降水量为459.6 mm,年平均相对湿度为66%,年平均日照时数为2411.9 h,日照百分率为55%,年平均风速为1.4 m/s,包含静风的最多风向为静风,不包含静风的最多风向为东北。本地降水量分布特点:降水主要集中在6—8月,约占年降水量的67%,最大日降水量达122.3 mm。冻土分布特点:10月开始自北向南封冻,最大冻土深度可达244.0 cm,次年5月开始冻土慢慢融化,并于7月化通。

根河市天气现象统计详情见表1.8.1。

全年月最高气温38.5 ℃,出现在6月,月最低气温−46.2 ℃,出现在1月,月平均气温在−27.7~18.4 ℃ ,四季分明。各月气温情况如图1.8.1所示。

表 1.8.1　根河市主要天气现象统计(1991—2020 年平均)

天气现象	发生日数/d	天气现象	发生日数/d
霜	197.4	大风	1.4
沙尘暴	0	冰雹	1.6
雾	20.5	降雪	74.7

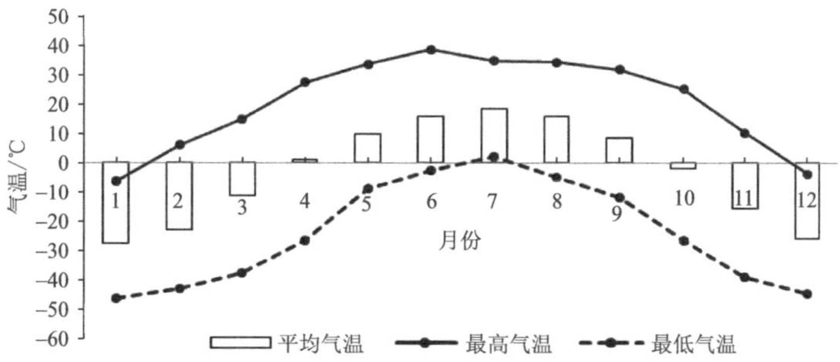

图 1.8.1　1991—2020 年根河市各月气温情况

降水主要集中在 6—8 月，其中，7—8 月的降水量占全年降水量的 49.7%，月降水量 7 月多于 8 月，但 8 月单次过程降水量大、持续时间长。各月降水量情况如图 1.8.2 所示。

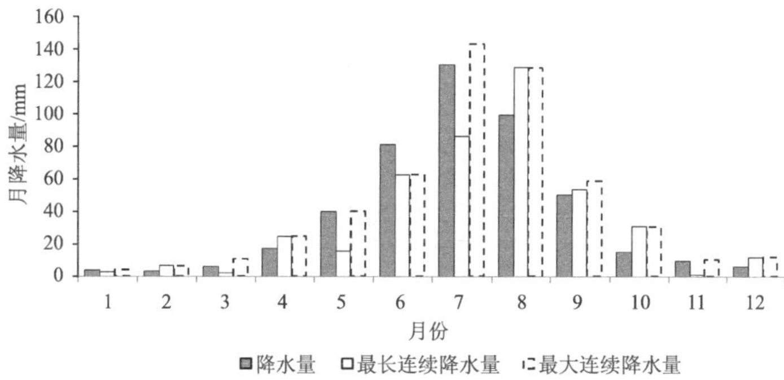

图 1.8.2　1991—2020 年根河市最降水月平均值和降水月极值

全年盛行静风，其频率为 29.78%，即全年超过 1/4 的时间风速较小，几乎无风；除静风外，主要盛行东北风，风向频率为 9.25%。具体风向频率如图 1.8.3 所示。

霜、结冰、积雪日数月年变化一致性较高，冬季霜、结冰、积雪日数可超过每月日数的 88%，无霜期主要出现在 6—8 月，一般 8 月出现结冰，9 月出现积雪，次年 6 月积雪完全融化，7 月结冰消失。各月霜、结冰、积雪日数如图 1.8.4 所示。

根河市没有沙尘天气，大风天气主要发生在春季，大风较多日数主要出现在 4 月和 5 月，5 月平均大风日数为 0.6 d。各月扬沙、大风、沙尘暴日数如图 1.8.5 所示。

根河市空气质量较好，雾、霾天气出现较少，霾主要在冬季，月最多霾日数为 0.3 d；轻雾、雾主要出现在夏季和秋季，以 8 月居多，月雾日数为 9.3 d。

雷暴、闪电、冰雹主要发生在 5—9 月，雷暴以 7 月居多，为 6.9 d；闪电以 8 月居多，为 0.3 d；冰雹以 6 月最多，为 0.6 d。

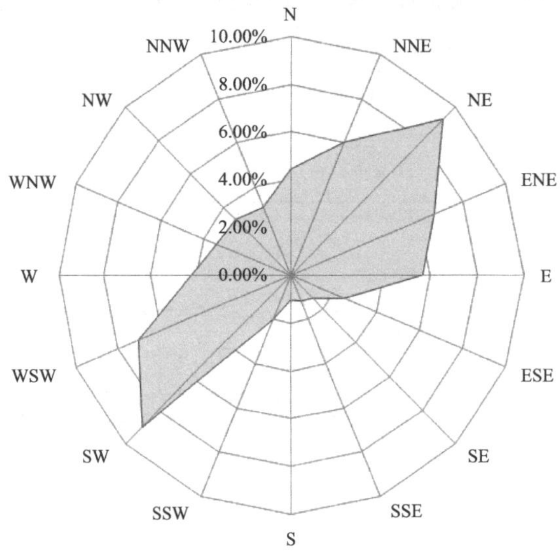

图 1.8.3　1991—2020 年根河市风玫瑰图

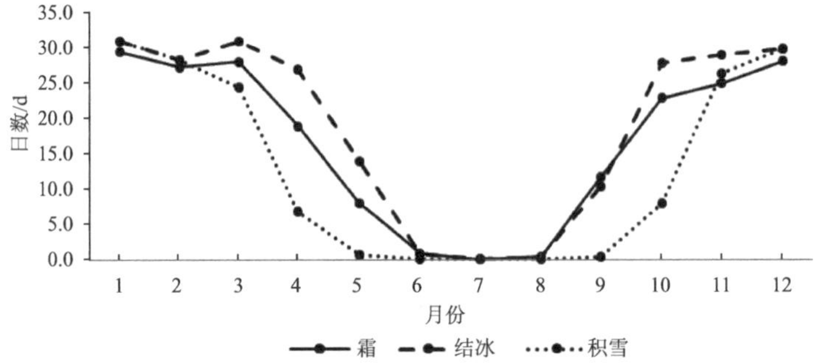

图 1.8.4　1991—2020 年根河市霜、结冰、积雪日数

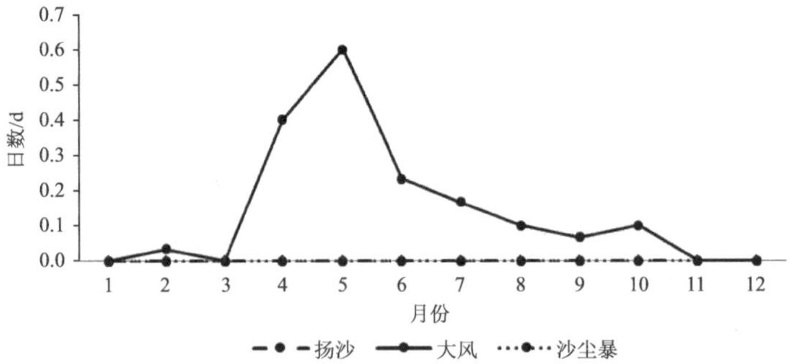

图 1.8.5　1991—2020 年根河市扬沙、大风、沙尘暴日数

根河市全年雨日数为 103.9 d，雪日数为 74.7 d，雨季主要出现在夏季(5—9 月)，以 7 月降水日数最多，为 20.6 d，冬季以 12 月降雪日数最多，为 14.8 d，春季和秋季有雨雪交加或雨夹雪天气发生。

1.9　莫力达瓦达斡尔族自治旗

莫力达瓦达斡尔族自治旗地处内蒙古呼伦贝尔市东部，大兴安岭南麓，嫩江右岸，大兴安岭山脉与松嫩平原交界地带，远离海洋，属于中温带温和气候。由于地处大兴安岭森林边缘的低山丘陵地带，受地形、地势、植被及纬度的影响，形成了温度由西北向南递升，降水由西北向南递减，山地风速小于平原，风向呈沿河谷走向等特征。春季干旱少雨，大风日数多，天气多变。夏季降水集中，雨热同季，气候湿润。秋季降温快，霜冻来得早。冬季漫长严寒，白雪皑皑。年平均气温为 2.8 ℃，极端最高气温为 40.1 ℃，极端最低气温为−37.8 ℃，年平均降水量为 507.8 mm，年平均相对湿度为 62%，年平均日照时数为 2637.2 h，日照百分率为 60%，年蒸发量为 1423.1 mm，年平均风速为 2.5 m/s，最多风向为西南。本地降水量分布特点：降水主要集中在 6—8 月，约占年降水量的 68%，最大日降水量达 118.8 mm。冻土分布特点：10 月开始封冻，最大冻土深度可达 270.0 cm，次年 4 月开始冻土慢慢融化，并于 7 月化通。

莫力达瓦达斡尔族自治旗天气现象统计详情见表 1.9.1。

表 1.9.1　莫力达瓦达斡尔族自治旗主要天气现象统计(1991—2020 年平均)

天气现象	发生日数/d	天气现象	发生日数/d
霜	141.3	大风	9.8
沙尘暴	0.1	冰雹	1.0
雾	6.2	降雪	39.5

全年月最高气温 40.1 ℃，出现在 6 月，月最低气温−37.8 ℃，出现在 1 月，月平均气温在−20.1～22.6 ℃，四季分明。各月气温情况如图 1.9.1 所示。

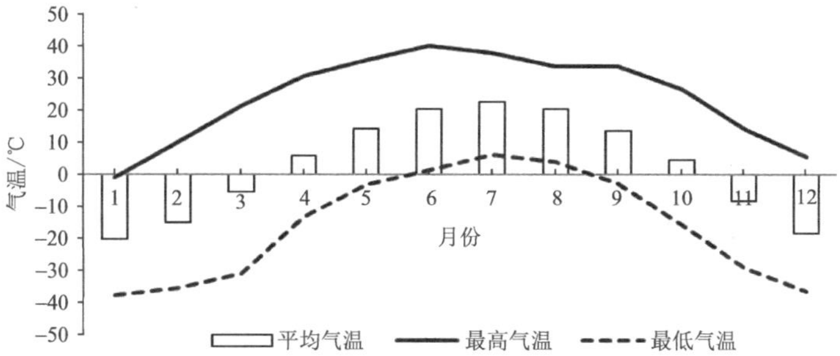

图 1.9.1　1991—2020 年莫力达瓦达斡尔族自治旗各月气温情况

降水主要集中在 6—8 月，其中 7—8 月的降水量占全年降水量的 49.7%，月降水量 7 月多于 8 月，但 8 月单次过程降水量大、持续时间长。各月降水量情况如图 1.9.2 所示。

全年盛行静风，其发生频率为 13.67%，即全年超过 1/8 的时间风速较小，几乎无风；除静风外，主要盛行西北风，风向频率为 9.90%。具体风向频率如图 1.9.3 所示。

霜、结冰、积雪日数月年变化一致性较高，冬季霜、结冰、积雪日数可超过每月日数的 81%，无霜期主要出现在 6—8 月，一般 9 月出现结冰，10 月出现积雪，次年 5 月积雪完全融化，6 月结冰消失。各月霜、结冰、积雪日数如图 1.9.4 所示。

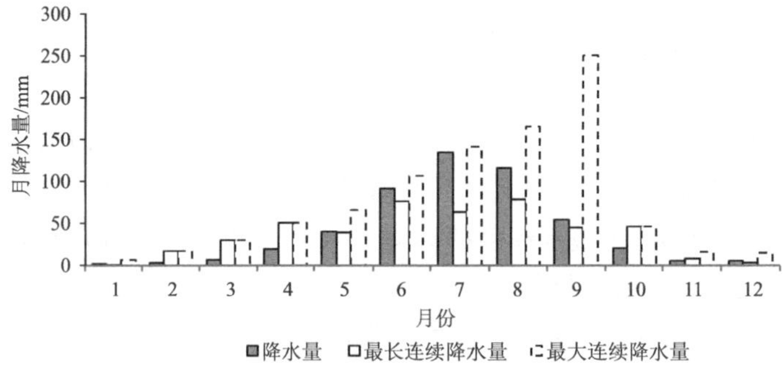

图 1.9.2　1991—2020 年莫力达瓦达斡尔族自治旗降水月平均值和降水月极值

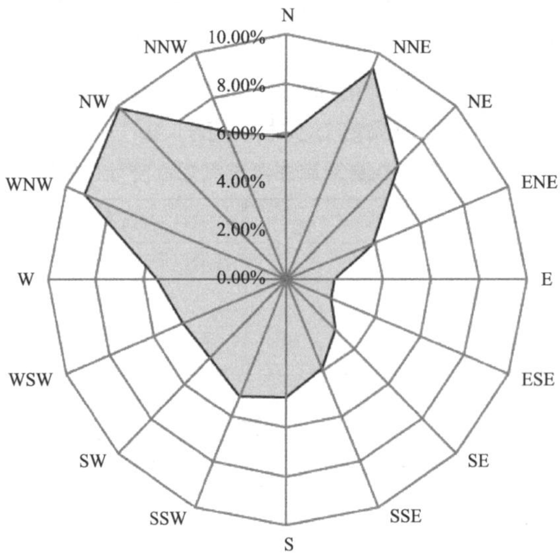

图 1.9.3　1991—2020 年莫力达瓦达斡尔族自治旗风玫瑰图

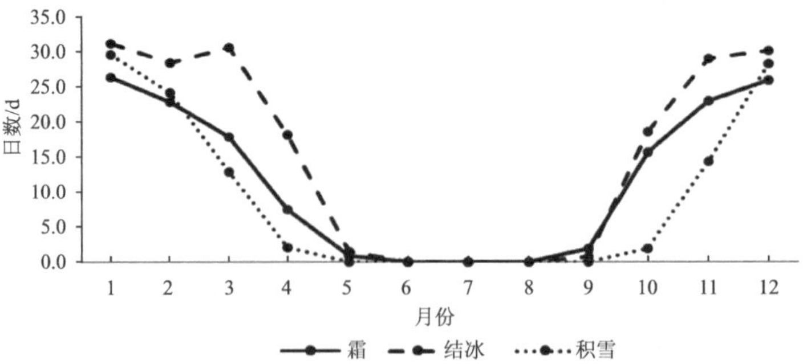

图 1.9.4　1991—2020 年莫力达瓦达斡尔族自治旗霜、结冰、积雪日数

莫力达瓦达斡尔族自治旗大风、沙尘天气较少，年沙尘暴日数不足 1 d，大风、沙尘天气主要发生在春季，大风较多日数主要出现在 4 月和 5 月，5 月平均沙尘暴日数为 0.1 d，平均扬沙日数为 0.1 d，平均大风日数为 1.1 d。各月扬沙、大风、沙尘暴日数如图 1.9.5 所示。

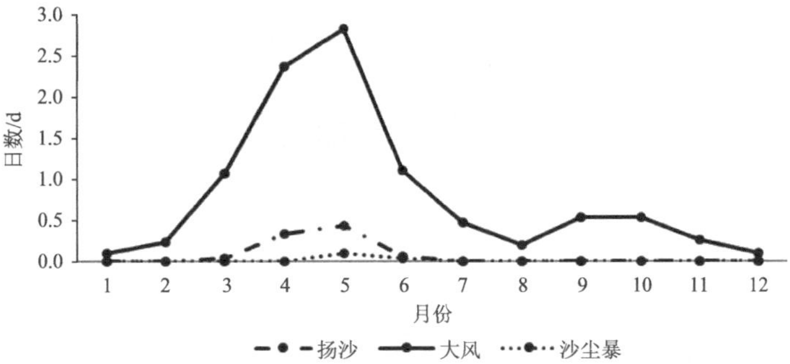

图 1.9.5　1991—2020 年莫力达瓦达斡尔族自治旗扬沙、大风、沙尘暴日数

莫力达瓦达斡尔族自治旗空气质量较好，雾、霾天气出现较少；轻雾、雾主要出现在夏季，以 8 月居多，8 月雾日数为 1.4 d。

闪电、雷暴、冰雹主要发生在 5—9 月，雷暴、闪电以 7 月居多，雷暴为 6.2 d，闪电为 0.7 d；冰雹以 6 月最多，为 0.3 d。

莫力达瓦达斡尔族自治旗全年雨日数为 89.7 d，雪日数为 39.5 d，降雨主要出现在夏季(4—10 月)，以 7 月降水日数最多，为 17.2 d，冬季以 12 月降雪日数最多，为 8.5 d，春季和秋季有雨雪交加或雨夹雪天气发生。

1.10　新巴尔虎左旗

新巴尔虎左旗位于呼伦贝尔市西南端，大兴安岭北麓，属于中温带大陆性季风气候。春季温度回升快、干旱、多大风，夏季温和、雨水集中，秋季气温急降，冬季漫长严寒。无霜期短，日照充足，积温有效性高，降水量偏小，蒸发量大。

新巴尔虎左旗年平均气温为 7.2 ℃，极端最高气温为 41.6 ℃，极端最低气温为－40.8 ℃，年平均降水量为 283.3 mm，年平均相对湿度为 60%，年平均日照时数为 2759.1 h，日照百分率为 62%，年蒸发量为 1564.3 mm，年平均风速为 2.7 m/s，最多风向为西南。本地降水量分布特点：降水主要集中在 5—9 月，约占年降水量的 83%，最大日降水量达 87.6 mm。冻土分布特点：9 月开始自北向南封冻，最大冻土深度可达 296.0 cm，次年 4 月开始冻土慢慢融化，并于 6 月化通。

新巴尔虎左旗天气现象统计详情见表 1.10.1。

表 1.10.1　新巴尔虎左旗主要天气现象统计(1991—2020 年平均)

天气现象	发生日数/d	天气现象	发生日数/d
霜	161.3	大风	11
沙尘暴	0.5	冰雹	1.0
雾	4.6	降雪	52.4

全年月最高气温 41.6 ℃，出现在 8 月，月最低气温－40.8 ℃，出现在 1 月，月平均气温在－23.0～19.7 ℃，四季分明。各月气温情况如图 1.10.1 所示。

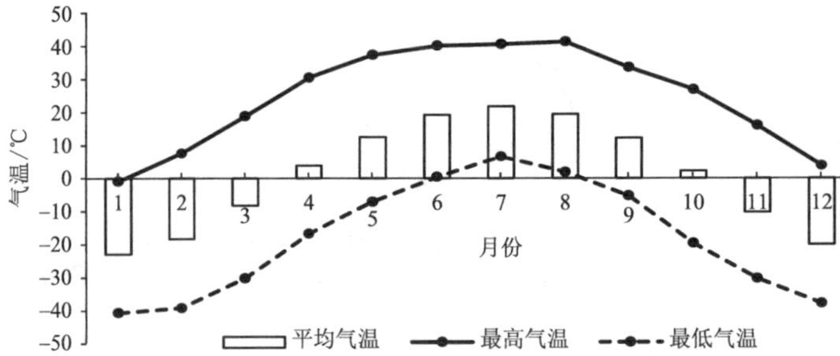

图 1.10.1　1991—2020 年新巴尔虎左旗各月气温情况

降水主要集中在 5—9 月，其中 7—8 月的降水量占全年降水量的 49.9%，月降水量 7 月多于 8 月，7—8 月单次过程降水量均较大。各月降水量情况如图 1.10.2 所示。

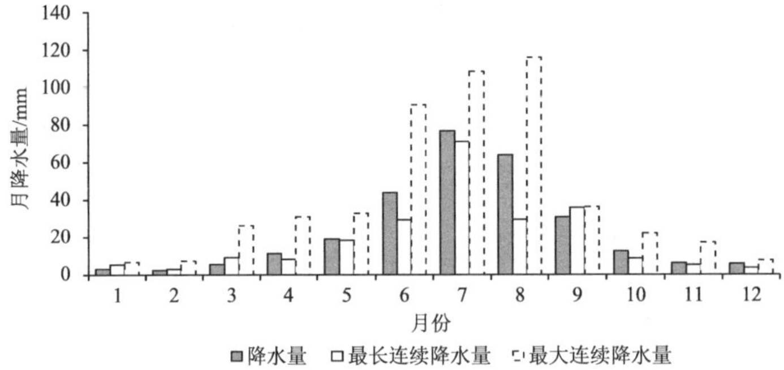

图 1.10.2　1991—2020 年新巴尔虎左旗降水月平均值和降水月极值

新巴尔虎左旗全年最多风向为西南，其频率为 11.26%，次多风向为西南偏南，其频率为 9.94%，静风的出现频率为 6.68%。具体风向频率如图 1.10.3 所示。

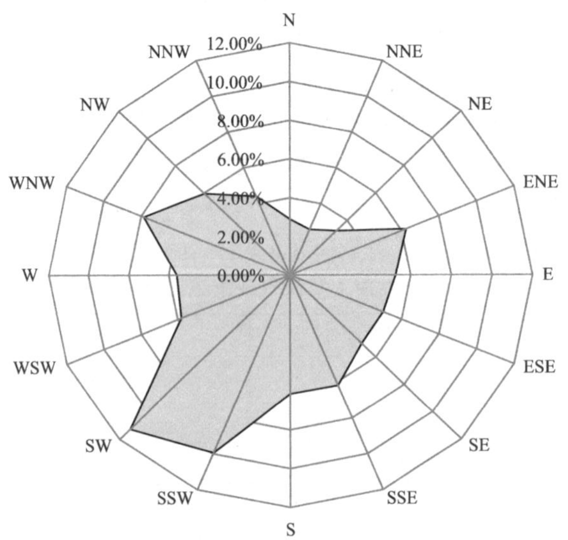

图 1.10.3　1991—2020 年新巴尔虎左旗风玫瑰图

晴天日数占全年日数的27.2%，阴天日数占全年日数的15.2%，在季节分布上，秋、冬季多为晴天，夏季多为阴天。

霜、结冰、积雪日数月年变化一致性较高，冬季霜日数占冬季日数的94.1%、结冰日数占冬季日数的97.1%、积雪日数占冬季日数的58%。无霜期主要出现在6—8月，一般9月开始出现结冰，10月开始出现积雪，次年6月积雪完全融化、结冰消失。各月霜、结冰、积雪日数如图1.10.4所示。

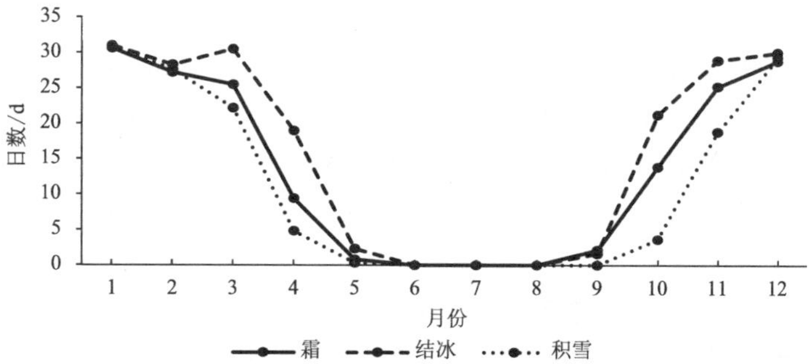

图1.10.4　1991—2020年新巴尔虎左旗霜、结冰、积雪日数

新巴尔虎左旗大风、沙尘天气较少，年沙尘暴日数不足4 d，大风、沙尘天气主要发生在春季，大风较多日数主要出现在4月和5月，4月平均沙尘暴日数为0.3 d；全年平均扬沙日数为0.24 d，平均大风日数为0.92 d。各月扬沙、大风、沙尘暴日数如图1.10.5所示。

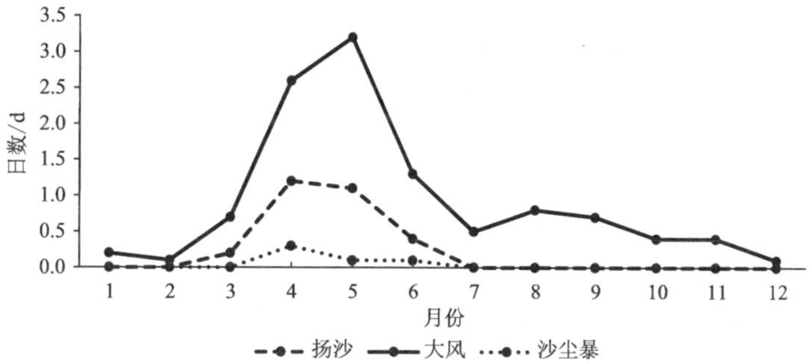

图1.10.5　1991—2020年新巴尔虎左旗扬沙、大风、沙尘暴日数

新巴尔虎左旗空气质量较好，雾、霾天气出现较少，月最多霾日数为1 d；轻雾、雾主要出现在夏季，以7—9月居多，月雾日数为0.7 d。

闪电、雷暴、冰雹主要发生在5—9月，雷暴以7月居多，达6.7 d；闪电以8月居多，为1.7 d；冰雹以6月最多，为0.3 d。

新巴尔虎左旗全年雨日数为80.9 d，雪日数为52.4 d，降雨主要出现在5—9月，以7月降水日数最多，为16.4 d，冬季以12月降雪日数最多，为10.4 d，春季和秋季有雨雪交加或雨夹雪天气发生。

1.11 新巴尔虎右旗

新巴尔虎右旗地处呼伦贝尔大草原腹地，属中温带半干旱大陆性草原气候，由于下垫面较单一，故气候差异不明显。新巴尔虎右旗四季分明，春季温度回升快、干旱多风，夏季温热短促，降水集中，雨热同季，秋季气温急降，冬季漫长寒冷。无霜期短，日照充足，积温有效性高，降水量偏小，蒸发量大。

新巴尔虎右旗年平均气温为1.9 ℃，极端最高气温为44.1 ℃，极端最低气温为−40.1 ℃，年平均降水量为228.5 mm，年平均相对湿度为58%，年平均日照时数为2985.9 h，日照百分率为68%，年蒸发量为1842.9 mm，年平均风速为3.5 m/s，最多风向为西北。本地降水量分布特点：降水主要集中在6—8月，约占年降水量的70.1%，最大日降水量达72.2 mm。冻土分布特点：10月开始自北向南封冻，最大冻土深度可达382.0 cm，次年7月开始冻土慢慢融化，全年仅8月、9月无冻土。

新巴尔虎右旗天气现象统计详情见表1.11.1。

表1.11.1 新巴尔虎右旗主要天气现象统计(1991—2020年平均)

天气现象	发生日数/d	天气现象	发生日数/d
霜	120.6	大风	30.4
沙尘暴	0.8	冰雹	0.6
雾	0.9	降雪	35.3

全年月最高气温44.1 ℃，出现在8月，月最低气温−40.1 ℃，出现在1月和2月，月平均气温在−21.2～20.6 ℃，常年来看4—10月平均气温在0 ℃以上，11月至次年3月平均气温处于0 ℃以下。各月气温情况如图1.11.1所示。

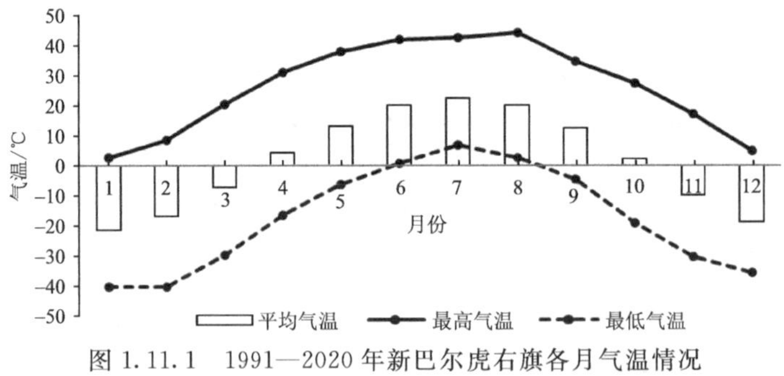

图1.11.1 1991—2020年新巴尔虎右旗各月气温情况

降水主要集中在6—8月，占全年降水量的70.1%，其中7—8月的降水量占全年降水量的55.5%，月降水量7月多于8月，最大过程降水量为149.4 mm，持续时间长，出现在8月。各月降水量情况如图1.11.2所示。

年盛行西北风，其风向频率为14.2%，全年的1/7时间为西北风。其次为西南偏西风，风向频率为12.5%，即全年接近1/8的时间吹西南偏西风，静风的风向频率为7.6%。具体风向频率如图1.11.3所示。

晴天日数占全年日数的29.3%，阴天日数占全年日数的12.5%，晴天主要出现在秋、冬

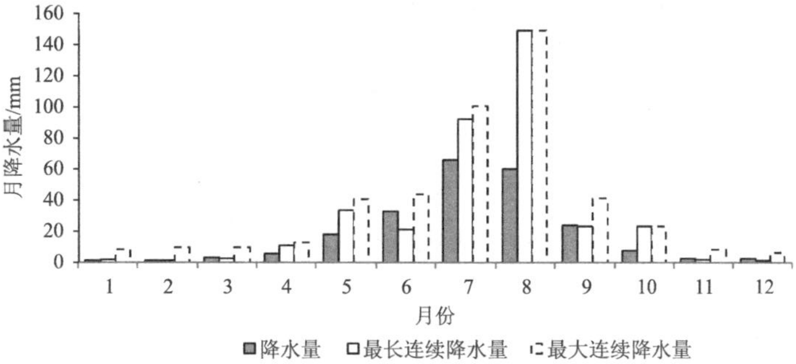

图 1.11.2　1991—2020 年新巴尔虎右旗降水量情况

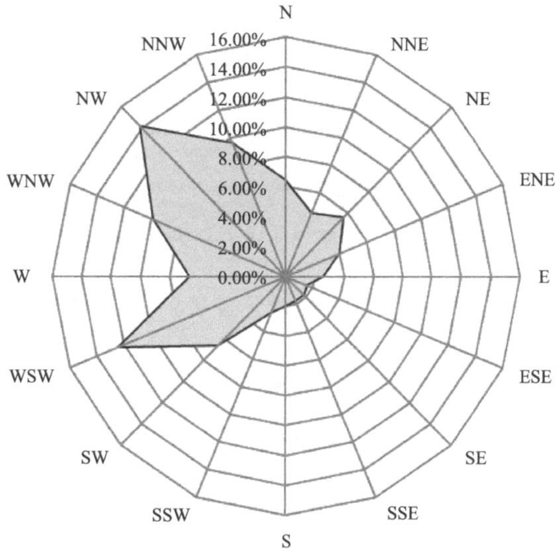

图 1.11.3　1991—2020 年新巴尔虎右旗风玫瑰图

季，平均可达每月日数的 43.6%，阴天主要出现在夏季，可达每月日数的 11.3%，夏季阴天日数明显多于晴天日数，冬季正好相反。

霜、结冰、积雪日数月年变化一致性较高，冬季霜、结冰、积雪日数可超过每月日数的 87%，无霜期主要出现在 5—9 月，一般 9 月出现结冰和积雪，次年 5 月积雪完全融化，6 月结冰消失。各月霜、结冰、积雪日数如图 1.11.4 所示。

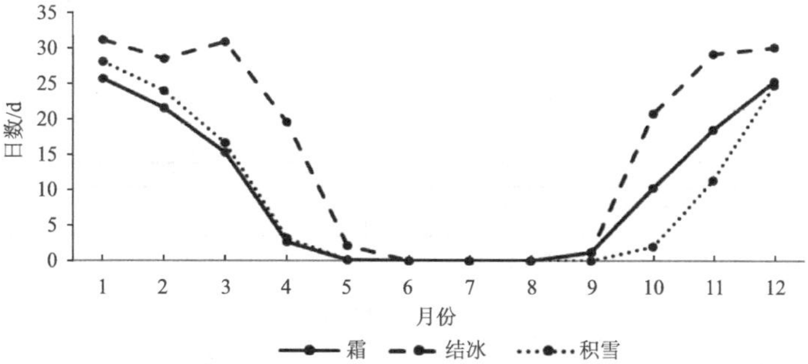

图 1.11.4　1991—2020 年新巴尔虎右旗霜、结冰、积雪日数

新巴尔虎右旗大风日数较多，平均年达 30.4 d，沙尘天气较少，年扬沙日数 3.5 d，年沙尘暴日数不足 1 d，大风、沙尘天气主要发生在春季，大风较多日数主要出现在 5 月，平均大风日数 7.5 d，4 月平均沙尘暴日数为 0.5 d，平均扬沙日数为 1.3 d。

新巴尔虎右旗空气质量较好，雾、霾天气出现较少，霾主要出现在春季，月最多霾日数为 0.4 d；雾主要出现在春季和秋、冬季，以 11 月居多，轻雾除 4 月、5 月外，其余月份均有出现，以夏季为主，月雾日数为 0.6 d。各月扬沙、大风、沙尘暴日数如图 1.11.5 所示。

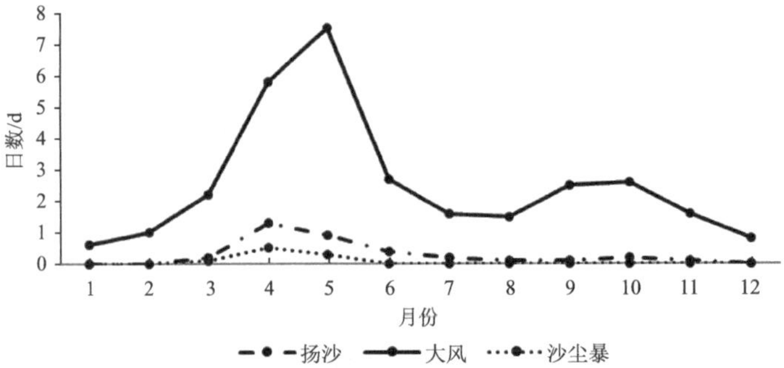

图 1.11.5　1991—2020 年新巴尔虎右旗扬沙、大风、沙尘暴日数

闪电、雷暴、冰雹主要发生在 5—9 月，雷暴以 7 月居多，为 6.4 d；闪电以 8 月居多，为 1.2 d；冰雹以 7 月最多，为 0.2 d。

新巴尔虎右旗地区全年雨日数为 71.4 d，雪日数为 35.3 d，降雨主要出现在夏季（5—9 月），以 7 月降水日数最多，为 15.7 d，冬季以 12 月降雪日数最多，为 7.2 d，春季和秋季有雨雪交加或雨夹雪天气发生。

1.12　牙克石市

牙克石地处大兴安岭之颠，位于呼伦贝尔市中部，属于寒温带大陆性季风气候。表现为气温年、日较差大，无霜期短。春季升温快，秋季降温剧烈，夏季短而热，冬季漫长寒冷。

年平均气温为 −1.4 ℃，极端最高气温为 40.2 ℃，极端最低气温为 −43.9 ℃，年平均降水量为 399.4 mm，年平均相对湿度为 67%，年平均日照时数为 2530.6 h，日照百分率为 57%，年蒸发量为 1131.9 mm，年平均风速为 2.1m/s，盛行静风。本地降水量分布特点：降水主要集中在 6—8 月，约占年降水量的 63%，最大日降水量达 68.8 mm。冻土分布特点：10 月开始封冻，最大冻土深度可达 161.0 cm，次年 5 月开始冻土慢慢融化，并于 8 月化通。

牙克石市天气现象统计详情见表 1.12.1。

表 1.12.1　牙克石市主要天气现象统计（1991—2020 年平均）

天气现象	发生日数/d	天气现象	发生日数/d
霜	192.4	大风	6.8
沙尘暴	0.1	冰雹	0.6
雾	7.1	降雪	76.5

全年月最高气温 40.2 ℃,出现在 8 月,月最低气温－43.9 ℃,出现在 1 月,月平均气温在－26.5～19.7 ℃ 。各月气温情况如图 1.12.1 所示。

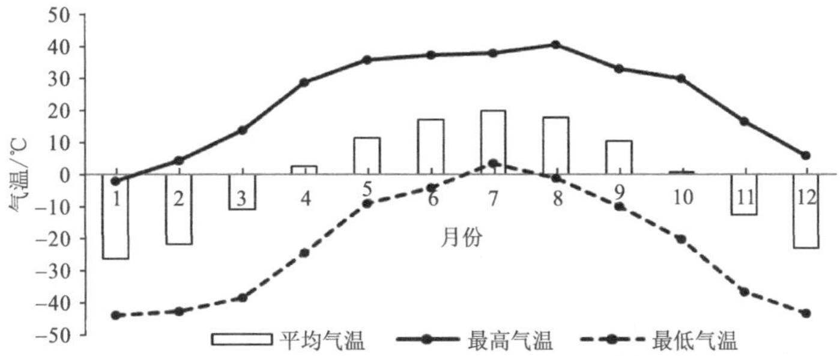

图 1.12.1　1991—2020 年牙克石市各月气温情况

降水主要集中在 6—8 月,其中,7—8 月降水量占全年降水量的 44.8%,月降水量 8 月略多于 7 月,且 8 月单次过程降水量大、持续时间长。各月降水量情况如图 1.12.2 所示。

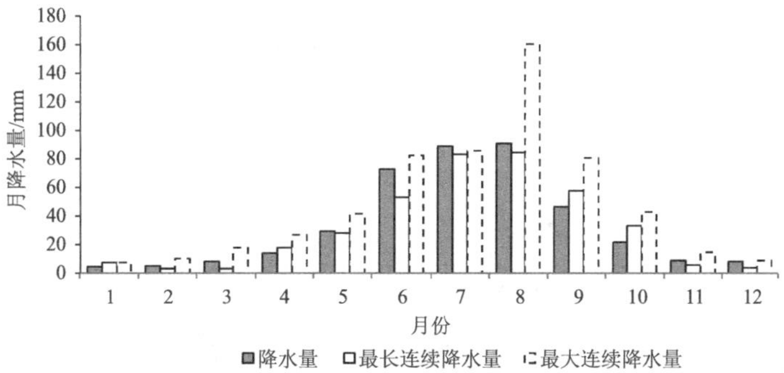

图 1.12.2　1991—2020 年牙克石市降水月平均值和降水月极值

年最多风为静风,其出现频率为 20.65%,即全年超过 1/5 的时间风速较小,几乎无风;除静风外,主要盛行西南偏西风,风向频率为 14.68%。具体风向频率如图 1.12.3 所示。

霜、结冰、积雪日数月年变化一致性较高,冬季霜、结冰、积雪日数可超过每月日数的 90%,无霜期主要出现在 6—8 月,一般 9 月出现结冰,10 月出现积雪,次年 6 月积雪完全融化,7 月结冰消失。各月霜、结冰、积雪日数如图 1.12.4 所示。

牙克石市沙尘天气较少,仅在 4 月出现 0.1 d 的沙尘暴天气,4 月和 5 月各出现 0.1 d 的沙尘天气。大风天气主要发生在春季,较多日数出现在 5 月,为 2.5 d。各月扬沙、大风、沙尘暴日数如图 1.12.5 所示。

牙克石市空气质量较好,雾、霾天气出现较少,霾主要出现在冬季的 12 月,月最多霾日数为 0.1 d;轻雾、雾主要出现在夏季,以 8 月居多,月雾日数为 2.3 d,月轻雾日数为 2.5 d。

闪电发生在 6—9 月,以 8 月居多,月最多闪电日数为 0.7 d;雷暴发生在 4—10 月,以 7 月居多,月最多雷暴日数为 5.9 d;冰雹发生在 5—8 月,以 6 月、8 月居多,月最多冰雹日数为 0.2 d。

牙克石市全年雨日数为 87.3 d,雪日数为 76.5 d,降雨主要出现在夏季(5—9 月),以 7 月降水日数最多,为 18.4 d,冬季以 12 月降雪日数最多,为 15.8 d。

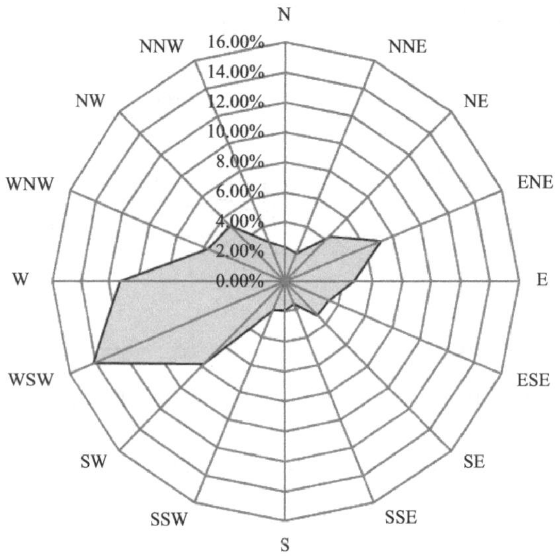

图 1.12.3　1991—2020 年牙克石市风玫瑰图

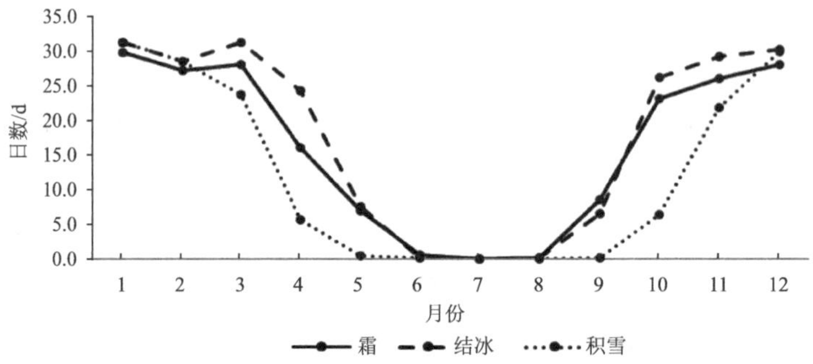

图 1.12.4　1991—2020 年牙克石市霜、结冰、积雪日数

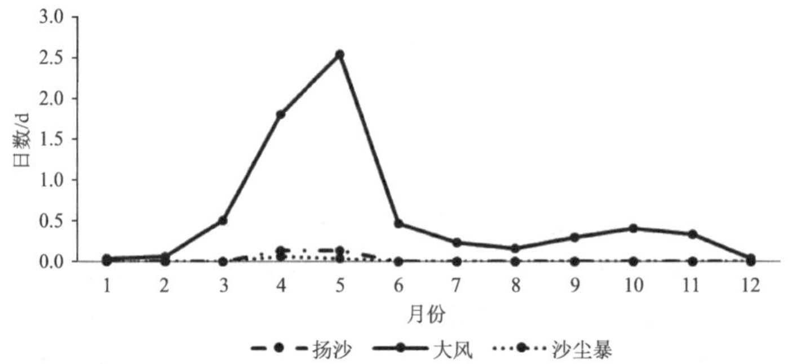

图 1.12.5　1991—2020 年牙克石市扬沙、大风、沙尘暴日数

1.13　扎兰屯市

扎兰屯市位于内蒙古自治区呼伦贝尔市南部，地处大兴安岭山脉中段东麓、松嫩平原西侧，属于中温带大陆性季风气候。太阳辐射较强，有效积温性高。日照丰富，气温年、日较差大。春季升温快，降水少，变率大。夏季短而温热，秋季降温快，初霜早，冬季漫长，严寒干冷。

年平均气温为 3.9 ℃，极端最高气温为 40.2 ℃，极端最低气温为－34.5 ℃，年平均降水量为 536.3 mm，年相对湿度为 55%，年平均日照时数为 2742.9 h，日照百分率为 63%，年蒸发量为 1404.4 mm，年平均风速为 2.3 m/s，盛行北西北风。本地降水量分布特点：降水主要集中在 6—8 月，约占年降水量的 72%，最大日降水量达 126.7 mm。冻土分布特点：9 月开始自北向南封冻，最大冻土深度可达 199.0 cm，次年 4 月开始冻土慢慢融化，并于 6 月化通。

扎兰屯市天气现象统计详情见表 1.13.1。

表 1.13.1　扎兰屯市主要天气现象统计(1991—2020 年平均)

天气现象	发生日数/d	天气现象	发生日数/d
霜	105	大风	7.6
沙尘暴	0	冰雹	0.9
雾	2.1	降雪	36.3

全年月最高气温 40.2 ℃，出现在 6 月，月最低气温－34.5 ℃，出现在 2 月，月平均气温在－16.3～22.3 ℃，四季分明。各月气温情况如图 1.13.1 所示。

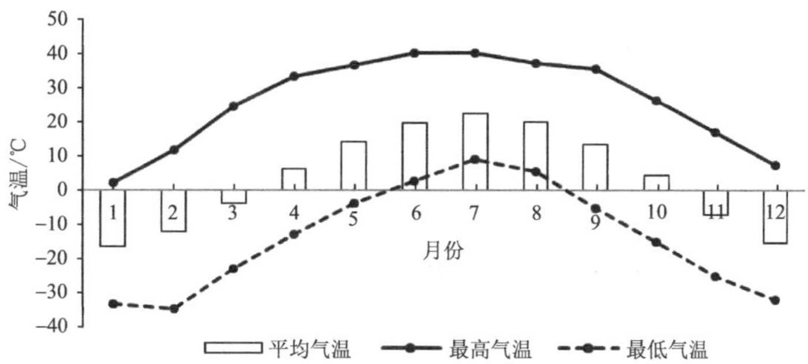

图 1.13.1　1991—2020 年扎兰屯市各月气温情况

降水主要集中在 6—8 月，其中 7—8 月的降水量占全年降水量的 53.1%，月降水量 7 月略多于 8 月，但 8 月单次过程降水量大、持续时间长。各月降水量情况如图 1.13.2 所示。

年最多风向为西北偏北，其频率为 18.85%，全年有近 1/5 时间的风向为西北偏北，年静风频率为 16.57%。具体风向频率如图 1.13.3 所示。

晴天日数占全年日数的 31%，阴天日数占全年日数的 16.1%，晴天主要出现在秋、冬季，可达每月日数的 42.3%，阴天主要出现夏季，可达每月日数的 30.3%。

霜、结冰、积雪日数月年变化一致性较高，冬季霜日数可达每月日数的 58.2%，结冰日数可达每月日数的 99.2%，积雪日数可达每月日数的 69.2%，无霜期主要出现在 6—8 月，一般

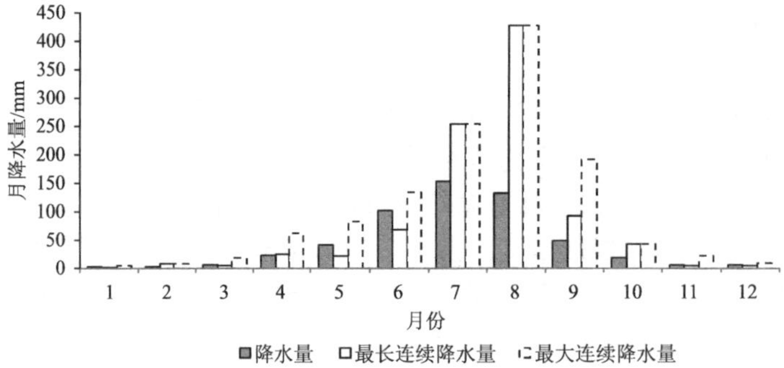

图 1.13.2　1991—2020 年扎兰屯市降水月平均值和降水月极值

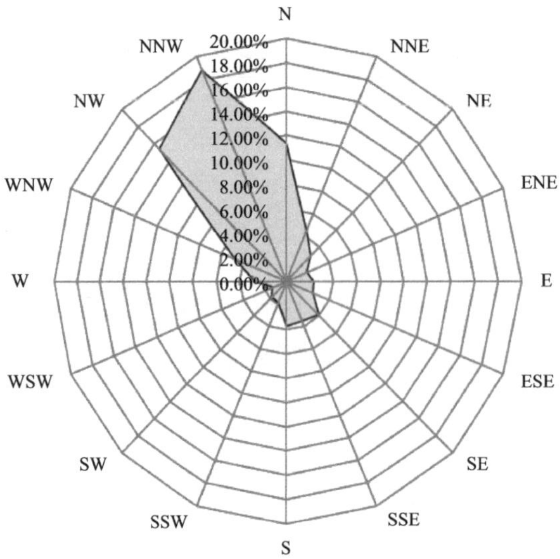

图 1.13.3　1991—2020 年扎兰屯市风玫瑰图

9 月出现结冰和积雪，次年 5 月积雪完全融化，6 月结冰消失。各月霜、结冰、积雪日数如图 1.13.4 所示。

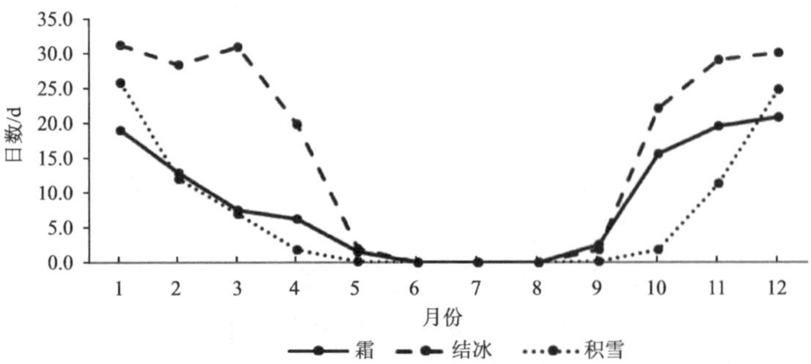

图 1.13.4　1991—2020 年扎兰屯市霜、结冰、积雪日数

扎兰屯市大风、沙尘天气较少，年沙尘暴日数不足 1 d，大风、沙尘天气主要发生在春季，大风较多日数主要出现在 4 月和 5 月，5 月平均扬沙日数为 0.1 d，4 月平均大风日数为 1.9 d。各月扬沙、大风、沙尘暴日数如图 1.13.5 所示。

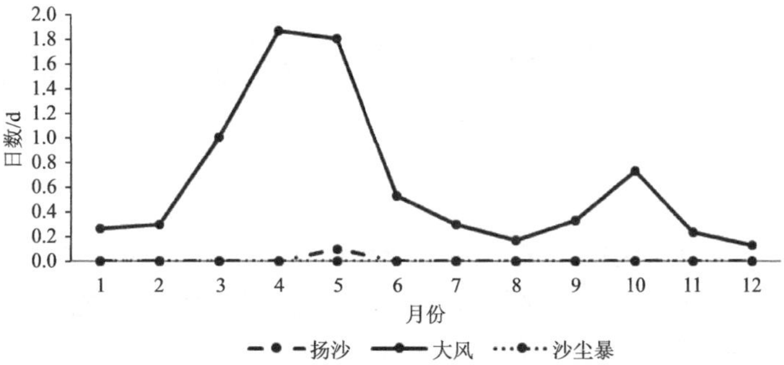

图 1.13.5　1991—2020 年扎兰屯市扬沙、大风、沙尘暴日数

扎兰屯市空气质量较好，雾、霾天气出现较少，霾主要出现在冬季和春季，月最多霾出现日数为 1.0 d；轻雾、雾主要出现在夏季和秋季，以 8 月居多，月雾日数为 0.5 d，月轻雾日数为 2.8 d。

闪电、雷暴、冰雹主要发生在 5—9 月，雷暴、闪电以 7 月居多，雷暴为 6.5 d，闪电为 0.7 d；冰雹以 6 月最多，为 0.3 d。

扎兰屯市全年雨日数为 93.6 d，雪日数为 36.3 d，降雨主要出现在夏季(5—9 月)，以 7 月降水日数最多，为 18.1 d，冬季以 12 月降雪日数最多，为 7.9 d，春季和秋季有雨雪交加或雨夹雪天气发生。

第2章 兴安盟气候特点与天气现象分析

兴安盟位于内蒙古自治区东北部，地处大兴安岭向松嫩平原过渡带，东北、东南分别与黑龙江、吉林两省毗邻，南部、西部、北部分别与通辽市、锡林郭勒盟和呼伦贝尔市相连，西北部与蒙古国接壤，属中温带大陆性季风气候区。气温、日照和蒸发由西北向东南递增，降水量由西北向东南递减，形成了西北向东南层次分明的立体气候特点。春季干旱多风，气温回升快，日较差较大。夏季温热短促，全盟大部分地区夏季为2个月左右，西北部中山区则春、秋相连，无夏季。全年最高气温出现于7月。秋季气温急剧下降，秋霜早。冬季严寒漫长，全盟大部分地区为5～6个月，西北部林区长达7个月。全年最低气温出现于1月。大部分地区年平均气温为4～6 ℃，西北部林区为－3.2 ℃。全年无霜期大部分地区为120～140 d，大兴安岭西北为51 d。光照充足，光能资源丰富，年平均降水量为435 mm，主要集中在6—8月。

2.1 阿尔山市

阿尔山市地处内蒙古东北部，位于大兴安岭西南山麓，属中温带亚湿润大陆性季风气候区。冬季漫长寒冷，春季干旱多风，夏季温热短促，降水集中，雨热同季。无霜期较短，日照充足，积温有效性偏低，降水量偏大，蒸发量大。年平均气温为－1.9 ℃，极端最高气温为39.1 ℃，极端最低气温为－45.3 ℃，年平均降水量为468.4 mm，年平均相对湿度为67%，年平均日照时数为2671.3 h，日照百分率为61%，年蒸发量为1140.1 mm，年平均风速为2.3 m/s，最多风向为西北。本地降水量分布特点：降水主要集中在6—8月，约占年降水量的62.2%，最大日降水量达93.2 mm。冻土分布特点：9月开始自北向南开始封冻，最大冻土深度可达291 cm，次年5月开始冻土慢慢融化，并于8月化通。

阿尔山市天气现象统计详情见表2.1.1。

表2.1.1 阿尔山市主要天气现象统计(1991—2020年平均)

天气现象	发生日数/d	天气现象	发生日数/d
霜	177.1	大风	16.7
沙尘暴	0	冰雹	2.8
雾	6.7	降雪	114.4

全年月最高气温39.1 ℃，出现在8月，月最低气温－45.3 ℃，出现在1月，月平均气温在－24.4～17.8 ℃，四季分明。各月气温情况如图2.1.1所示。

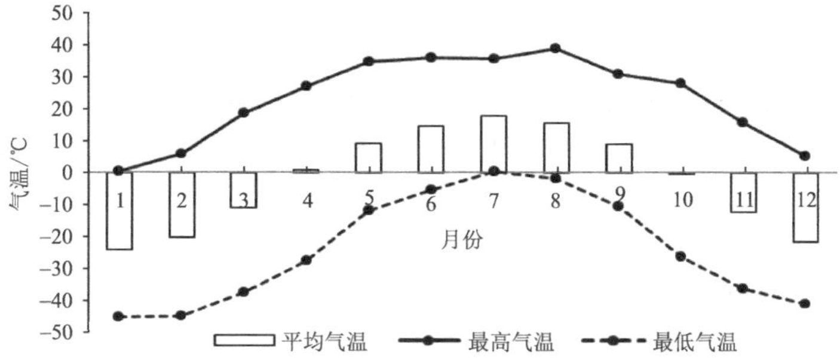

图 2.1.1　1991—2020 年阿尔山市各月气温情况

降水主要集中在 6—8 月，其中 7—8 月的降水量占全年降水量的 45.5%，月降水量 7 月多于 8 月，但 8 月单次过程降水量大、持续时间长。各月降水量情况如图 2.1.2 所示。

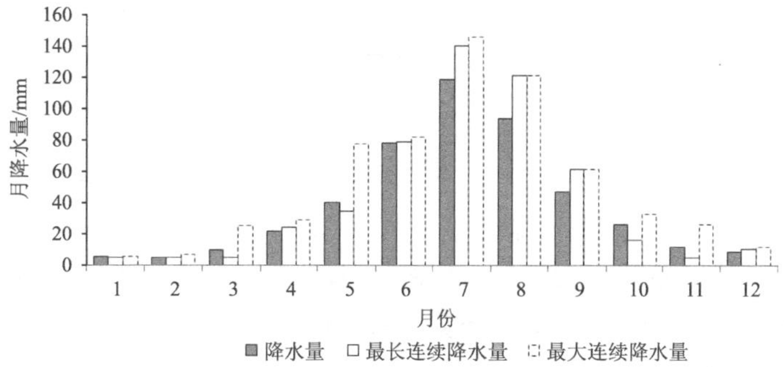

图 2.1.2　1991—2020 年阿尔山市降水月平均值和降水月极值

年盛行静风，其频率为 17.77%，即全年超过 1/5 的时间风速较小，几乎无风；除静风外，主要盛行西北风（冬季）和东南风（春秋相交季节）。具体风向频率如图 2.1.3 所示。

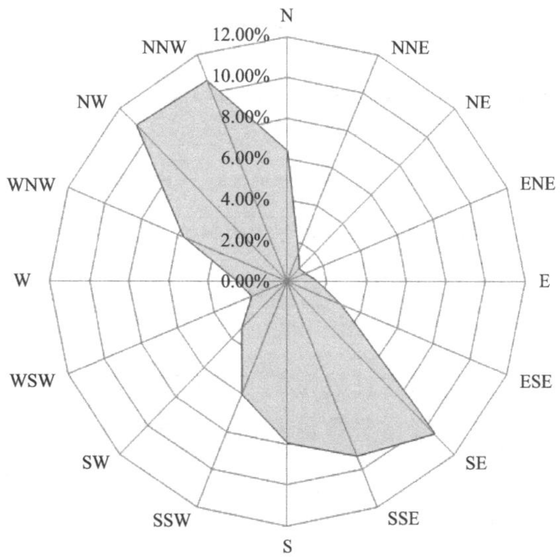

图 2.1.3　1991—2020 年阿尔山市风玫瑰图

晴天日数占全年日数的 24.5%，阴天日数占全年日数的 16.9%，晴天主要出现在秋、冬季，可达每月日数的 33%，阴天主要出现在夏季，可达每月日数的 26.7%。

霜、结冰、积雪日数月年变化一致性较高，冬季霜、结冰、积雪日数可超过每月日数的 90%，无霜期主要出现在 7—8 月，一般 8 月开始出现结冰，9 月开始出现积雪，次年 6 月积雪完全融化，7 月结冰消失。各月霜、结冰、积雪日数如图 2.1.4 所示。

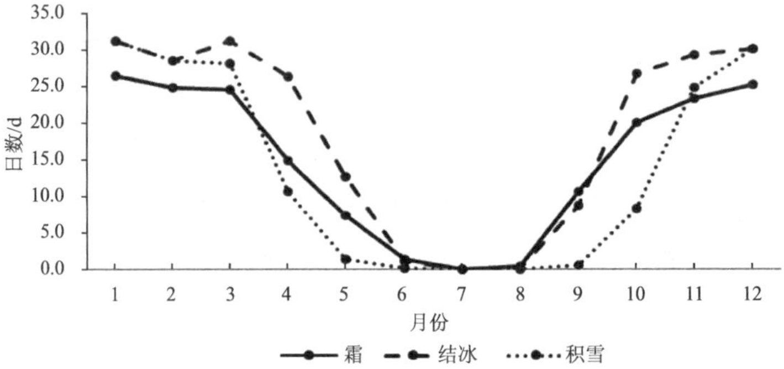

图 2.1.4　1991—2020 年阿尔山市霜、结冰、积雪日数

阿尔山市大风、沙尘天气较少，年沙尘暴日数不足 1 d，大风、沙尘天气主要发生在春季，大风较多日数主要出现在 4 月和 5 月，5 月平均扬沙日数为 0.1 d，平均大风日数为 1.1 d。

阿尔山市空气质量较好，雾、霾天气出现较少，霾主要出现在冬季，月最多霾日数为 1.4 d；轻雾、雾主要出现在夏季的 8 月，月最多轻雾、雾日数分别 2 d 和 2.1 d。各月扬沙、大风、沙尘暴日数如图 2.1.5 所示。

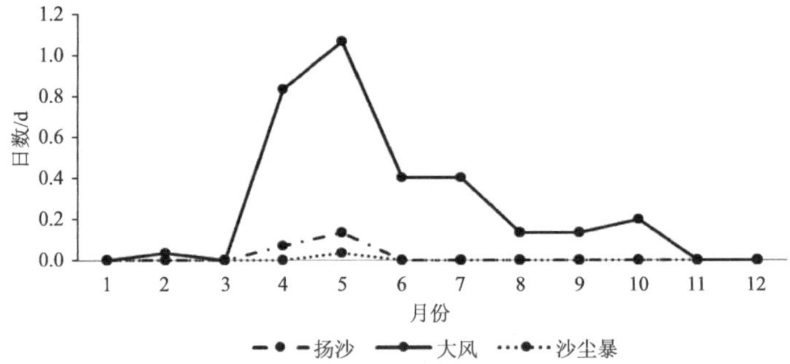

图 2.1.5　1991—2020 年阿尔山市扬沙、大风、沙尘暴日数

闪电、雷暴、冰雹主要发生在 5—9 月。雷暴和闪电以 7 月居多，分别为 7.3 d 和 0.8 d；冰雹出现在 5—8 月，最多为 0.9 d。

阿尔山市全年雨日数为 99.3 d，雪日数为 114.4 d，降雨主要发生在 4—10 月，以 7 月降水日数最多，为 19.7 d，冬季以 12 月降雪日数最多，为 21.4 d。

2.2　科尔沁右翼中旗

科尔沁右翼中旗地处内蒙古兴安盟西南部，位于大兴安岭南麓科尔沁草原北缘，属中温带半干旱大陆性季风气候区。由于地形是西北—东南向的狭长地带,山地和丘陵相结合,在地理上是半干旱和山地气候的结合部,季风气候区与非季风气候区的结合部,南部是以旱地为主的耕地和草地,北部是草原和坡地,是农业和牧业、耕地和草原之间的过渡带。四季分明,冬季漫长寒冷,春季干旱多风,春季和秋季短促,降水集中,雨热同季。无霜期较长,日照充足,降水量偏小,蒸发量大。年平均相对湿度 48%,年平均气温为 7 ℃。年平均日照时数 2985.6 h,日照百分率为 68%。年平均风速 4 m/s,最多风向为西北。

降水量分布特点:呈中部大,向南、北递减的分布特征。年平均降水量 374.3 mm,主要集中在 6—8 月,占年降水量的 71.1%。最大日降水量达 90.5 mm。冻土分布特点:9 月开始自北向南开始封冻,最大冻土深度可达 168 cm,次年 5 月开始冻土慢慢融化,并于 6 月化通。

科尔沁右翼中旗天气现象统计详情见表 2.2.1。

表 2.2.1　科尔沁右翼中旗主要天气现象统计(1991—2020 年平均)

天气现象	发生日数/d	天气现象	发生日数/d
霜	23.7	大风	59.1
沙尘暴	1.3	冰雹	0.7
雾	2.7	降雪	19.6

全年月最高气温 42.1 ℃,出现在 6 月,月最低气温－28.5 ℃,出现在 1 月,月平均气温在－12.6～24.4 ℃ ,四季分明。各月气温情况如图 2.2.1 所示。

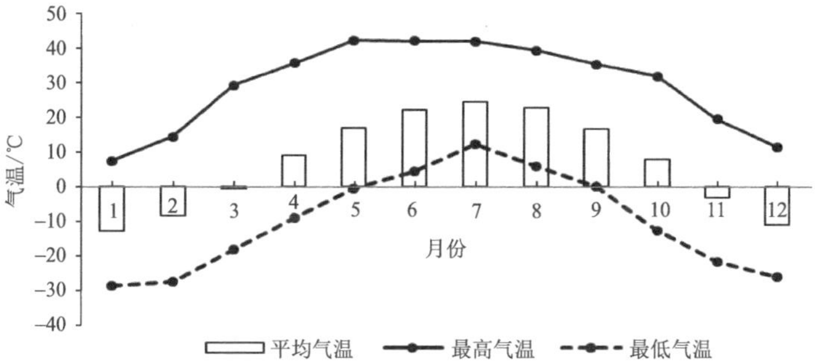

图 2.2.1　1991—2020 年科尔沁右翼中旗各月气温情况

降水主要集中在 6—8 月,其中 7—8 月的降水量占全年降水量的 51.1%,月降水量 7 月多于 8 月,但 8 月单次过程降水量大于 7 月。各月降水量情况如图 2.2.2 所示。

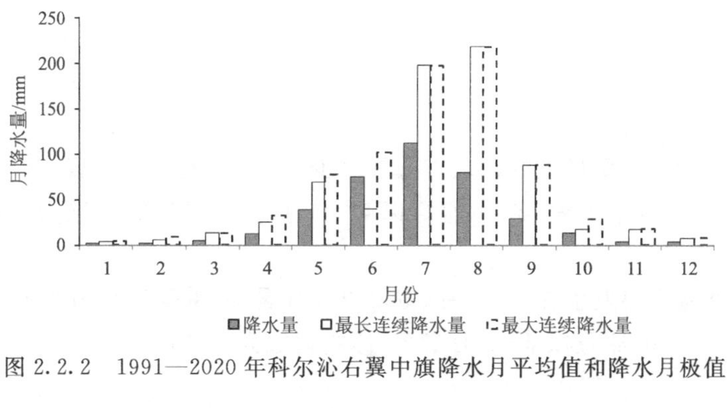

图 2.2.2　1991—2020 年科尔沁右翼中旗降水月平均值和降水月极值

年最多风向为西北，风向频率为 27.00%，即全年超过 1/4 的时间盛行西北风，次多风向是西北偏北，风向频率为 12.65%，静风风向频率为 5.84%。具体风向频率如图 2.2.3 所示。

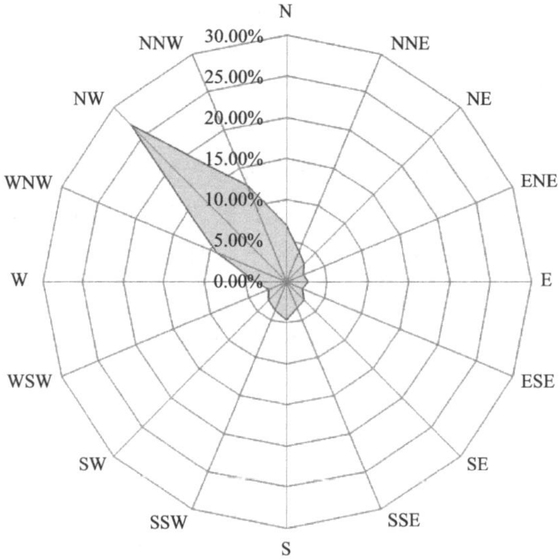

图 2.2.3　1991—2020 年科尔沁右翼中旗风玫瑰图

霜、结冰、积雪日数月年变化一致性较高，秋、冬季霜日数最多在 11 月，达到 22%，冬季结冰日数超过每月日数的 96.8%，12 月积雪日数最多，达到当月日数的 30.3%。无霜期主要出现在 6—8 月，一般 9 月出现结冰，10 月出现积雪，次年 5 月积雪完全融化，5 月结冰消失。各月霜、结冰、积雪日数如图 2.2.4 所示。

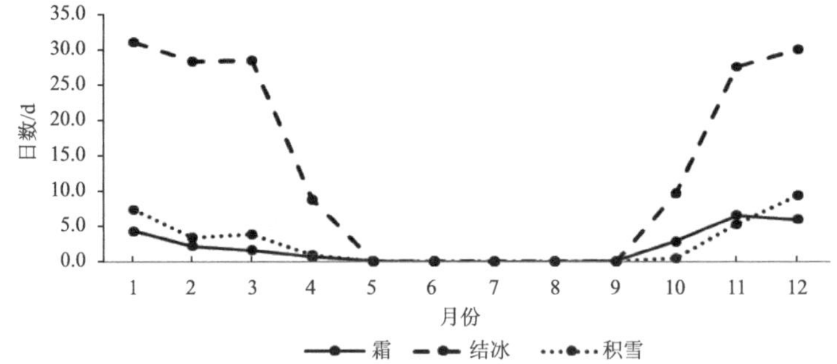

图 2.2.4　1991—2020 年科尔沁右翼中旗霜、结冰、积雪日数

科尔沁右翼中旗年沙尘日数为 4 d，大风全年各月均有发生，大风较多日数主要出现在 1 月，大风日数为 7.6 d。各月扬沙、大风、沙尘暴日数如图 2.2.5 所示。

科尔沁右翼中旗空气质量较好，雾、霾天气较少发生，12 月霾日数仅有 0.1 d；轻雾全年都有发生，雾主要出现在夏季和秋、冬季，轻雾以 7—8 月居多，月轻雾日数为 1.8 d，月雾日数为 0.9 d。

闪电、雷暴、冰雹主要发生在 5—9 月，雷暴以 6 月居多，雷暴日数为 6.2 d；闪电以 7—8 月居多，闪电日数为 0.8 d；冰雹以 6—8 月最多，冰雹日数为 0.2 d。

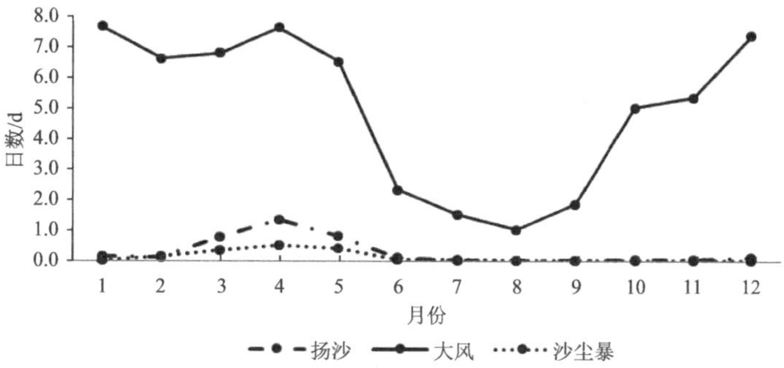

图 2.2.5　1991—2020 年科尔沁右翼中旗扬沙、大风、沙尘暴日数

科尔沁右翼中旗全年雨日数为 93.4 d,雪日数为 19.6 d,雨季主要出现在夏季(5—9 月),以 7 月降水日数最多,为 15.7 d,冬季以 12 月降雪日数最多,为 4.5 d,春季和秋季有雨雪交加或雨夹雪天气发生。

2.3　科尔沁右翼前旗

科尔沁右翼前旗地处内蒙古兴安盟中西部,属于中温带半干旱大陆性季风气候。由于西部为大兴安岭主脊线,东部为松辽平原,地表植被由次生林到草地,是林业与农业的过渡带。四季分明,气候寒冷干旱,冬季漫长寒冷,春季干旱多风,夏季温热短促,降水集中,雨热同季。无霜期较短,日照充足,降水量偏小,蒸发量大。年平均气温为 3.2 ℃,极端最高气温为 40.1 ℃,极端最低气温为－38.7℃,年平均降水量为 461.8 mm,年平均相对湿度为 57%,年平均日照时数为 2831.3 h,日照百分率为 65%,年蒸发量为 1613.7 mm,年平均风速为 2.8m/s,最多风向为西西北。本地降水量分布特点:降水主要集中在 6—8 月,约占年降水量的 71.8%,最大日降水量达 94.1 mm。冻土分布特点:10 月开始封冻,最大冻土深度可达 214.0 cm,次年 3 月开始冻土慢慢融化,并于 6 月化通。

科尔沁右翼前旗天气现象统计详情见表 2.3.1。

表 2.3.1　科尔沁右翼前旗主要天气现象统计(1991—2020 年平均)

天气现象	发生日数/d	天气现象	发生日数/d
霜	101.1	大风	13
沙尘暴	0.3	冰雹	1.2
雾	3.1	降雪	26.6

全年月最高气温 40.1 ℃,出现在 5 月,月最低气温－38.7 ℃,出现在 2 月,月平均气温在－16.7～21.2 ℃ ,四季分明。各月气温情况如图 2.3.1 所示。

降水主要集中在 6—8 月,其中 6—7 月的降水量占全年降水量的 52.6%,月降水量 7 月多于 6 月,7 月单次过程降水量大、持续时间长。各月降水量情况如图 2.3.2 所示。

科尔沁右翼前期旗年最多风向为西北偏西,其频率为 25.45%,即全年超过 1/4 的时间盛行西北偏西风;静风的风向频率为 10.41%。具体风向频率如图 2.3.3 所示。

晴天日数占全年日数的 32.4%,阴天日数占全年日数的 12.9%,晴天主要出现在秋、冬

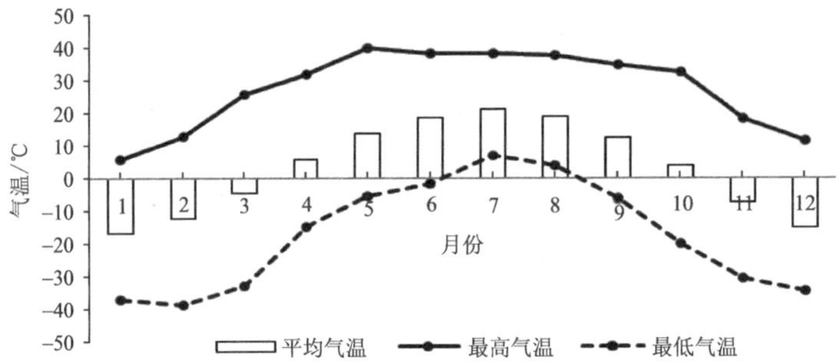

图 2.3.1 1991—2020年科尔沁右翼前旗各月气温情况

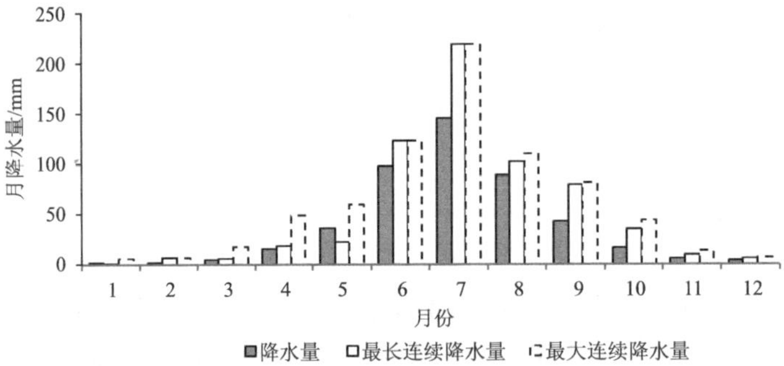

图 2.3.2 1991—2020年科尔沁右翼前旗降水月平均值和降水月极值

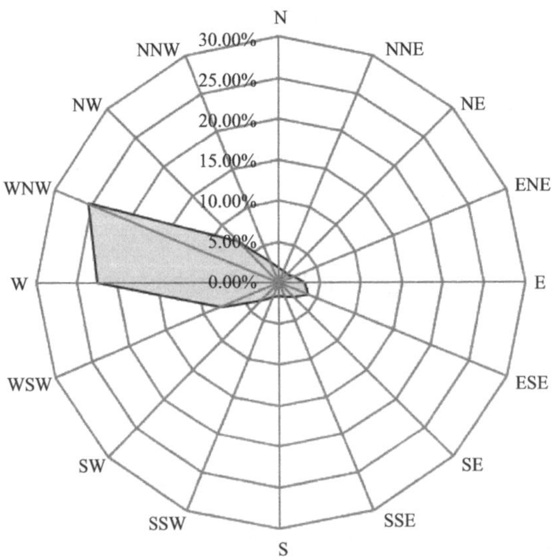

图 2.3.3 1991—2020年科尔沁右翼前旗风玫瑰图

季，可达每月日数的33%，阴天主要出现在夏季，可达每月日数的33%。

霜、结冰、积雪日数的月年变化一致性较高，冬季霜、积雪日数可超过每月日数的61%，结冰日数可超过每月日数的93%，无霜期主要出现在6—8月，一般9月出现结冰与积雪，次年6月积雪完全融化，结冰消失。各月霜、结冰、积雪日数如图2.3.4所示。

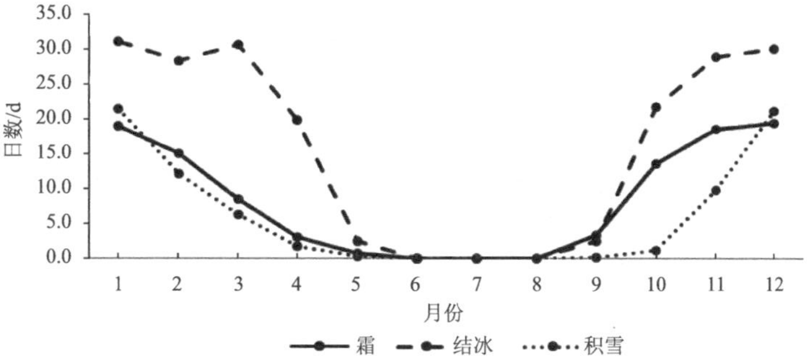

图 2.3.4　1991—2020 年科尔沁右翼前旗霜、结冰、积雪日数

科尔沁右翼前旗大风、沙尘天气较少，年沙尘暴日数不足 1 d，大风、沙尘天气主要发生在春季，大风较多日数主要出现在 4 月和 5 月，5 月平均沙尘暴日数为 0.1 d，平均扬沙日数为 0.3 d，平均大风日数为 3.1 d。各月扬沙、大风、沙尘暴日数如图 2.3.5 所示。

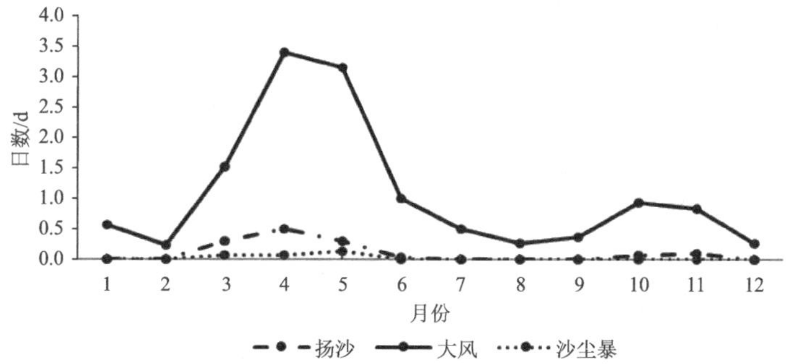

图 2.3.5　1991—2020 年科尔沁右翼前旗扬沙、大风、沙尘暴日数

科尔沁右翼前旗空气质量较好，雾、霾天气出现较少，霾主要出现在秋、冬和春季，2 月最多霾日数为 0.4 d；轻雾、雾主要出现在夏季，以 8 月居多，8 月雾日数为 1.0 d。

闪电、雷暴、冰雹主要发生在 6—9 月，雷暴、闪电以 7 月居多，雷暴为 7.5 d，闪电为 0.6 d；冰雹以 6 月最多，为 0.4 d。

科尔沁右翼前旗地区全年雨日数为 82.5 d，雪日数为 26.6 d，雨季主要出现在夏季（5—9 月），以 7 月降水日数最多，为 17.8 d，冬季以 3 月降雪日数最多，为 5.2 d，春季和秋季有雨雪交加或雨夹雪天气发生。

2.4　突泉县

突泉县地处内蒙古兴安盟中部，属中温带半干旱大陆性季风气候区，西依大兴安岭，东连松嫩平原。四季分明，春季多风少雨，蒸发大，湿度小，干旱频率高；夏季短促温热，雨水集中；秋季凉爽短暂；冬季寒冷漫长，风大雪少。年平均气温为 6.1 ℃，极端最高气温为 41.4 ℃，极端最低气温为－29.7 ℃，年平均降水量为 393.8 mm，年平均相对湿度为 49%，年平均日照时数为 2941 h，日照百分率为 68%，年蒸发量为 1987.7 mm，年平均风速为 3.8 m/s，最多风向为西北。本地降水量分布特点:降水主要集中在 6—8 月,约占年降水量的 72%,最大日降水量达 131.0 mm。冻土分布特点:10 月开始自北向南封冻,最大冻土深度可达 165.0 cm,次年 4 月开始冻土慢慢融化,并于 6 月化通。

突泉县气候特点详情见表 2.4.1。

表 2.4.1　突泉县主要天气现象统计(1991—2020 年平均)

天气现象	发生日数/d	天气现象	发生日数/d
霜	21.9	大风	35.2
沙尘暴	0.5	冰雹	0.5
雾	3.7	降雪	20.2

全年月最高气温 41.4 ℃,出现在 5 月,月最低气温−29.7 ℃,出现在 2 月,月平均气温在−13.6～23.6 ℃,四季分明。各月气温情况如图 2.4.1 所示。

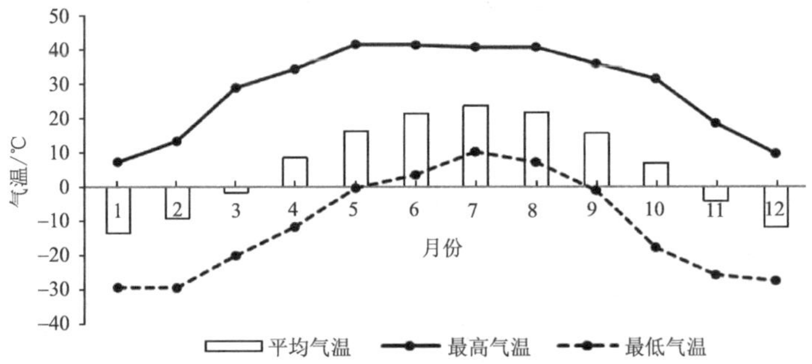

图 2.4.1　1991—2020 年突泉县各月气温情况

降水主要集中在 6—8 月,其中 7 月的降水量占全年降水量的 33.1%,月降水量最多,单次过程降水量也最大、持续时间也最长。各月降水量情况如图 2.4.2 所示。

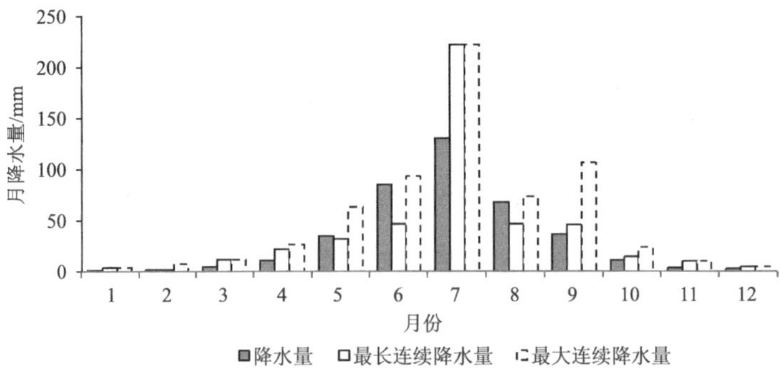

图 2.4.2　1991—2020 年突泉县降水月平均值和降水月极值

突泉县年最多风向为西北,其频率为 22.53%,即全年超过 1/5 的时间盛行西北风,其次盛行西北偏北风,风向频率为 15.92%;静风风向频率为 5.31%。具体向风频率如图 2.4.3 所示。

冬季结冰日数可超过每月日数的 91%,无霜期主要出现在 6—8 月,一般 9 月开始出现结冰,10 月开始出现积雪,次年 5 月积雪完全融化,6 月结冰消失。各月霜、结冰、积雪日数如图 2.4.4 所示。

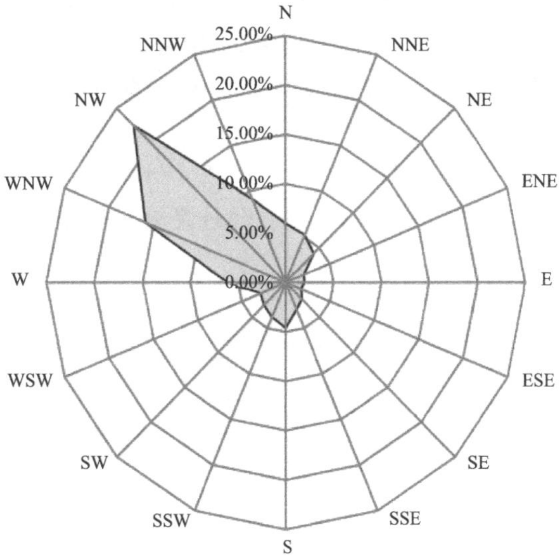

图 2.4.3　1991—2020 年突泉县风玫瑰图

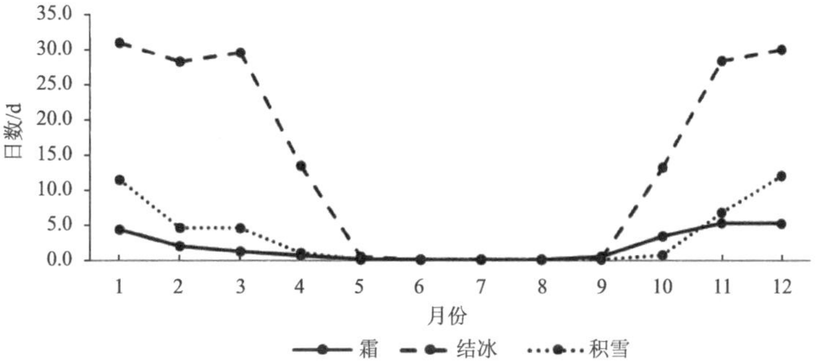

图 2.4.4　1991—2020 年突泉县霜、结冰、积雪日数

突泉县沙尘天气较少，年沙尘暴日数不足 1 d，大风、沙尘天气主要发生在春季，大风较多日数主要出现在 4 月和 5 月，5 月平均沙尘暴日数为 0.2 d，平均扬沙日数为 0.9 d，平均大风日数为 6.5 d。各月扬沙、大风、沙尘暴日数如图 2.4.5 所示。

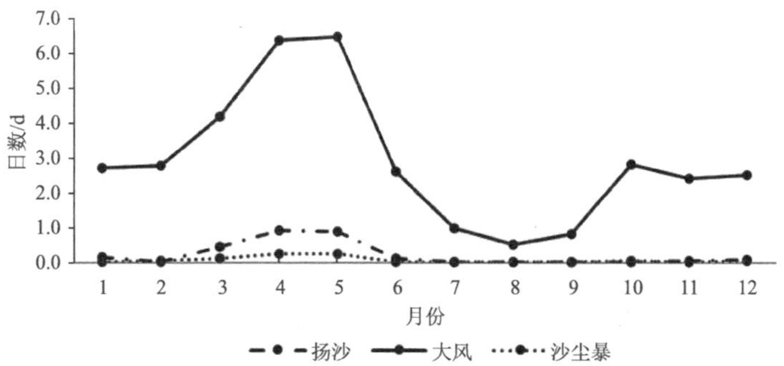

图 2.4.5　1991—2020 年突泉县扬沙、大风、沙尘暴日数

突泉县空气质量较好，雾、霾天气出现较少，霾主要出现在秋、冬和春季，月最多霾出现日数为2.1 d；轻雾、雾主要出现在夏季，以7月居多，月轻雾日数为2.7 d。

闪电、雷暴、冰雹主要发生在5—9月，雷暴以7月居多，为5.9 d，闪电以8月居多，为0.7 d；冰雹以6月最多，为0.2 d。

突泉县地区全年雨日数为75.9 d，雪日数为20.2 d，雨季主要出现在夏季(5—9月)，以7月降水日数最多，为15.8 d，冬季和春季以12月、3月降雪日数最多，均为4.3 d，春季和秋季有雨雪交加或雨夹雪天气发生。

第 3 章　通辽市气候特点与天气现象分析

通辽市位于内蒙古自治区东部，大兴安岭南麓，科尔沁草原腹地，东与吉林省接壤，南与辽宁省毗邻，西与内蒙古赤峰市、锡林郭勒盟交界，北与兴安盟相连，地处中纬度，属中温带干旱和半干旱大陆性季风气候，春季干旱大风多，夏季炎热降雨集中，秋季凉爽短促、气温下降快、霜冻北早南晚，冬季漫长少雪寒冷。年平均气温中部平原 5～6 ℃，南部在 6 ℃以上，北部山区为 0～6 ℃。全市年平均降水量为 376 mm，大部分地区为 350～450 mm，年降水量的 70%集中在 6—8 月。

3.1　科尔沁区

科尔沁区地处内蒙古自治区东部，蒙古高原向西辽河平原的过渡地带，属中温带半干旱大陆性季风气候。冬季漫长而寒冷；春季干旱多大风；夏季炎热多雨，雨水集中；秋季短暂凉爽，气温下降快，霜冻北早南晚。

科尔沁区年平均气温为 7.5 ℃，极端最高气温为 41.9 ℃，极端最低气温为－33.9 ℃，年平均降水量为 382 mm，年平均相对湿度为 53%，年平均日照时数为 2911.5 h，日照百分率为 67%，年蒸发量为 1845.5 mm，年平均风速为 3.3 m/s，最多风向为西西北。本地降水量分布特点：降水主要集中在 6—8 月，约占年降水量的 70%，最大日降水量达 179 mm。冻土分布特点：通常 10 月开始封冻，最大冻土深度可达 148.0 cm，次年 3 月开始冻土慢慢融化，并于 5 月化通。

科尔沁区天气现象统计详情见表 3.1.1。

表 3.1.1　通辽市主要天气现象统计(1991—2020 年平均)

天气现象	发生日数/d	天气现象	发生日数/d
霜	66.0	大风	19.5
沙尘暴	0.3	冰雹	0.8
雾	6	降雪	20.2

全年月最高气温 41.9 ℃，出现在 5 月，月最低气温－33.9 ℃，出现在 1 月，月平均气温在－12.5～24.7 ℃。各月气温情况如图 3.1.1 所示。

降水主要集中在 6—8 月，其中 7—8 月的降水量占全年降水量的 50.6%，月降水量 7 月多于 8 月，且单次过程降水持续时间长，但 8 月单次过程降水量大。各月降水量情况如图 3.1.2 所示。

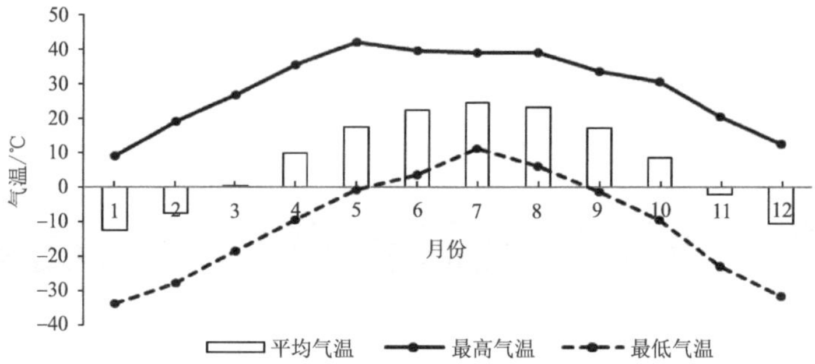

图 3.1.1　1991—2020年通辽市各月气温情况

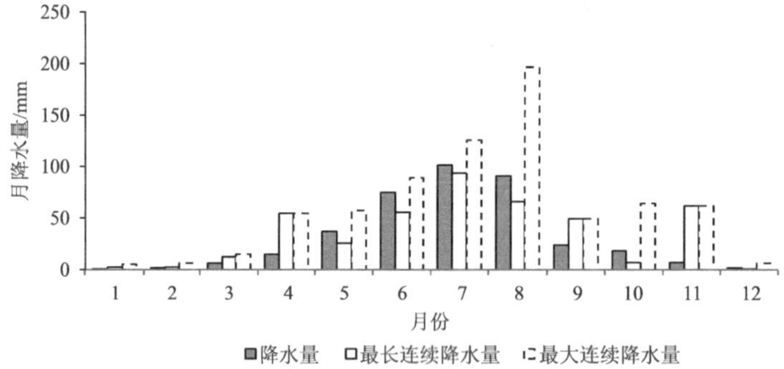

图 3.1.2　1991—2020年通辽市降水月平均值和降水月极值

通辽市年最多风向为西北偏西，其频率为12.49%，即全年超过1/8的时间盛行西北偏西风；静风风向频率为2.96%，全年无风天数较少。具体风向频率如图3.1.3所示。

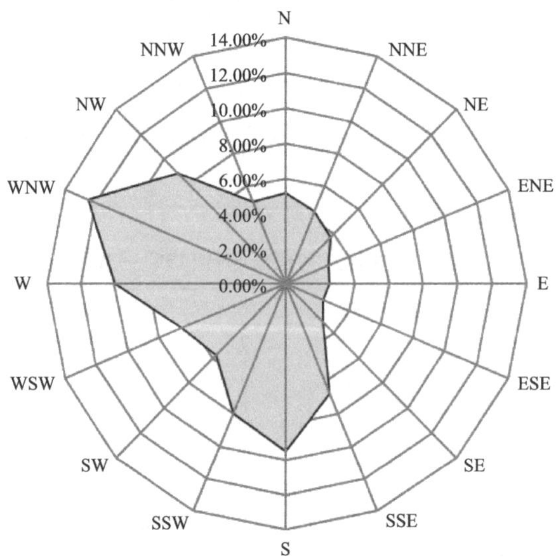

图 3.1.3　1991—2020年通辽市风玫瑰图

晴天日数占全年日数的29.8%，阴天日数占全年日数的17.8%，晴天主要出现在秋、冬季，阴天主要出现在夏季，基本可达每月日数的33%。

霜、结冰、积雪日数月年变化一致性较高，无霜期主要出现在 6—8 月，一般 9 月开始出现结冰，10 月开始出现积雪，次年 5 月积雪完全融化，6 月结冰消失。各月霜、结冰、积雪日数如图 3.1.4 所示。

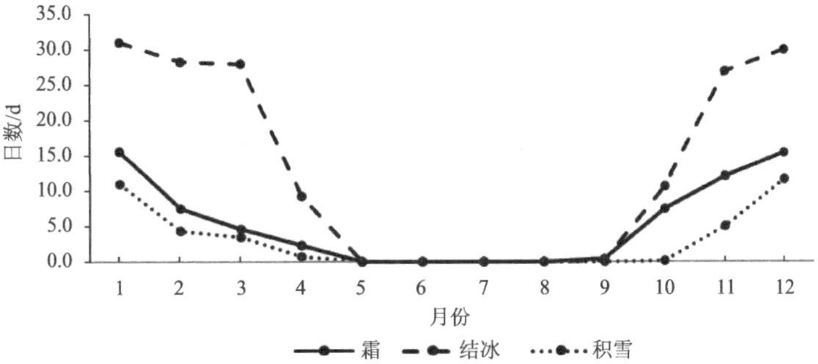

图 3.1.4　1991—2020 年通辽市霜、结冰、积雪日数

通辽市沙尘天气较少，大风、沙尘天气主要发生在春季，大风、沙尘暴较多日数主要出现在 4 月，大风为 4.8 d，沙尘暴为 0.2 d；5 月扬沙日数为 0.8 d。各月扬沙、大风、沙尘暴日数如图 3.1.5 所示。

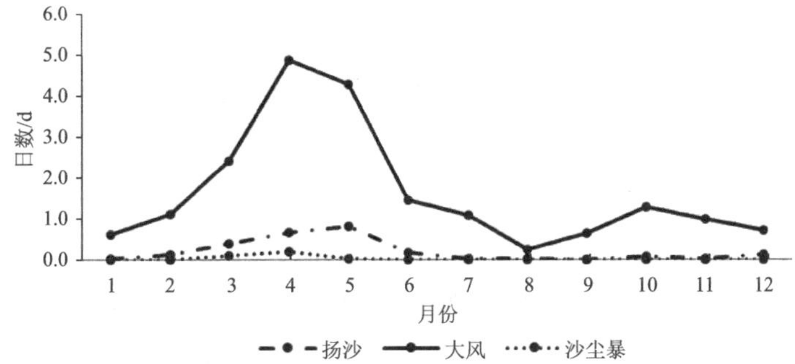

图 3.1.5　1991—2020 年通辽市扬沙、大风、沙尘暴日数

通辽市霾主要出现在秋、冬和春季，3 月霾出现日数为 1.6 d；轻雾、雾主要出现在夏季，以 8 月居多，月雾日数为 1.2 d，月轻雾日数为 4.3 d。

闪电、雷暴主要发生在 4—10 月，闪电以 8 月居多，日数为 1.4 d；雷暴以 6—7 月居多，日数为 5.6 d。冰雹主要发生在 5—9 月，以 6 月最多，日数为 0.3 d。

通辽市全年雨日数为 74.7 d，雪日数为 20.2 d，雨季主要出现在 5—9 月，以 7 月降水日数最多，为 14.3 d，冬季以 12 月降雪日数最多，为 4.5 d。

3.2　霍林郭勒市

霍林郭勒市地处大兴安岭山脉西段北侧，海拔高度 820～1300 m。常年受蒙古气旋影响，气压相对较低，大风日数多，冬季寒冷而漫长，夏季炎热而短暂，春、秋两季气候干燥，无霜期短，昼夜温差大，风沙日数较多，属于典型干旱大陆性草原气候。

年平均气温 2.1 ℃，极端最高气温为 40 ℃，极端最低气温为−34.9 ℃，年平均风速 3.5 m/s，最多风向为西西北，年平均降水量为 360.2 mm，年平均相对湿度为 59%，年平均日照时数为 2764.7 h，日照百分率为 63%。

霍林郭勒市降水量分布特点：年平均降水量为 360.2 mm，降水主要集中在 5—9 月，约占全年降水量的 88.0%，最大日降水量达 58.3 mm。冻土分布特点：9 月开始自北向南开始封冻，最大冻土深度可达 192 cm，次年 4 月开始冻土慢慢融化，并于 7 月化通。

霍林郭勒市天气现象统计详情见表 3.2.1。

表 3.2.1　霍林郭勒市主要天气现象统计(1991—2020 年平均)

天气现象	发生日数/d	天气现象	发生日数/d
霜	104.1	大风	29.7
沙尘暴	1.0	冰雹	1.1
雾	3.7	降雪	30.3

全年月最高气温 40 ℃，出现在 8 月，月最低气温 −34.9 ℃，出现在 1 月，月平均气温在 −19～20.9 ℃，四季分明。各月气温情况如图 3.2.1 所示。

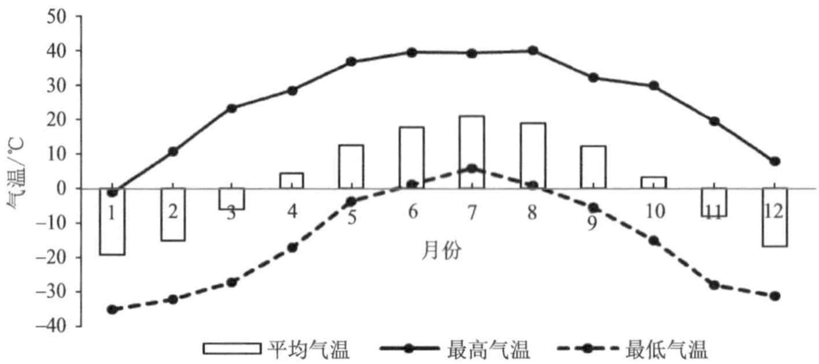

图 3.2.1　1991—2020 年霍林郭勒市各月气温情况

降水主要集中在 6—8 月，其中 7—8 月降水量占全年降水量的 47.3%，月降水量 7 月多于 8 月，且 7 月、8 月均是单次过程降水量大、持续时间长。各月降水量情况如图 3.2.2 所示。

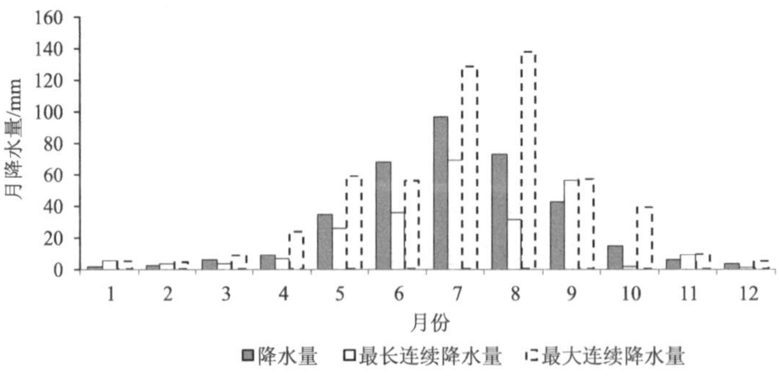

图 3.2.2　1991—2020 年霍林郭勒市年降水月平均值和降水月极值

霍林郭勒市年最多风向为西北偏西，风向频率为 11.95%，即全年接近 1/8 的时间盛行西北偏西风，其次为西风，风向频率为 11.87%；静风风向频率为 2.01%，即全年出现风速很小的时间较少。具体风向频率如图 3.2.3 所示。

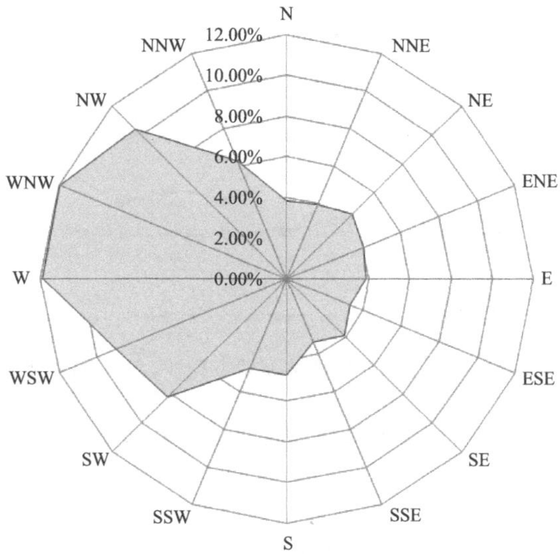

图 3.2.3　1991—2020 年霍林郭勒市风玫瑰图

霜、结冰、积雪日数月年变化一致性较高，冬季霜日数超过每月日数的 25%，结冰日数超过每月日数的 46.8%，积雪日数超过每月日数的 34.8%，无霜期主要出现在 6—8 月，一般 9 月开始出现结冰和积雪，次年 6 月积雪完全融化，7 月结冰消失。各月霜、结冰、积雪日数如图 3.2.4 所示。

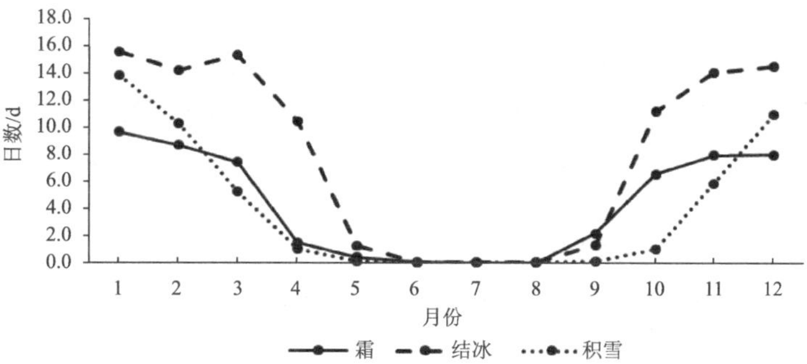

图 3.2.4　1991—2020 年霍林郭勒市霜、结冰、积雪日数

霍林郭勒市大风、沙尘天气较少，年沙尘日数 1.0 d，大风全年都有发生，沙尘天气主要发生在 6—7 月，大风较多日数主要出现在 5 月和 6 月，6 月平均沙尘暴日数为 0.3 d，4 月平均扬沙日数为 0.5 d，5 月平均大风日数为 3.6 d。各月扬沙、大风、沙尘暴日数如图 3.2.5 所示。

霍林郭勒市空气质量较好，雾、霾天气出现较少，霾主要出现在春、夏和冬季，月最多霾日数为 1.3 d；轻雾全年都有发生，雾主要出现在夏季和秋、冬季，轻雾以 7—8 月居多，月轻雾日数为 2.1 d，月雾日数为 0.4 d。

闪电、雷暴、冰雹主要发生在 5—9 月，雷暴以 7 月居多，雷暴日数为 2.0 d；闪电以 7—8 月居多，闪电日数均为 0.1 d；冰雹以 7 月最多，冰雹日数为 0.3 d。

霍林郭勒市全年雨日数为 41.4 d，雪日数为 30.3 d，降雨主要出现在夏季(5—9 月)，以 6

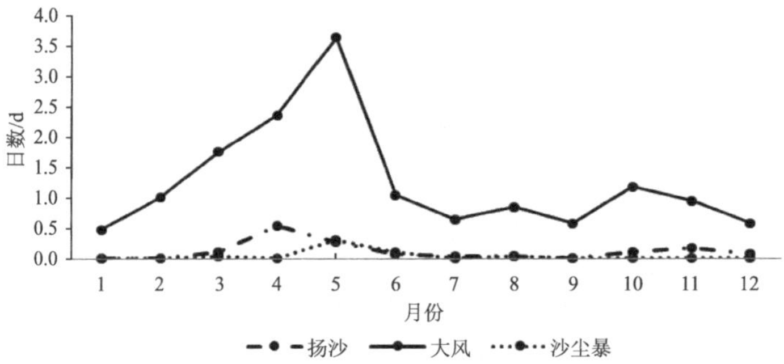

图 3.2.5　1991—2020年霍林郭勒市扬沙、大风、沙尘暴日数

月降水日数最多，为 8.4 d，冬季以 12 月降雪日数最多，为 6.2 d，春季和秋季有雨雪交加或雨夹雪天气发生。

3.3　科尔沁左翼后旗

科尔沁左翼后旗地处内蒙古通辽市东南部，处于中温带亚湿润边缘地区，属温带大陆性气候。四季分明，春季干旱多风，夏季温热短促，降水集中，雨热同季，秋季温凉少雨，冬季漫长寒冷。无霜期较长，日照充足，积温有效性高，降水量偏少，蒸发量大。主要气象灾害有干旱、霜冻、冰雹、大风、洪涝、沙尘暴、寒潮等，其中干旱是影响农牧业最主要的气象灾害。

科尔沁左翼后旗年平均气温为 7.1 ℃，极端最高气温为 38.2 ℃，极端最低气温为－32.7 ℃，年平均降水量为 419.4 mm，年平均相对湿度为 56%，年平均日照时数为 2763 h，日照百分率为 64%，年蒸发量为 1756.6 mm，年平均风速为 3.4 m/s，最多风向为南。本地降水量分布特点：降水主要集中在 6—8 月，约占年降水量的 68%，最大日降水量达 239 mm。冻土分布特点：10 月开始自北向南开始封冻，最大冻土深度可达 199.0 cm，5 月开始冻土慢慢融化，并于 6 月化通。

科尔沁左翼后旗天气现象统计详情见表 3.3.1。

表 3.3.1　科尔沁左翼后旗主要天气现象统计(1991—2020 年平均)

天气现象	发生日数/d	天气现象	发生日数/d
霜	63	大风	24.1
沙尘暴	0.4	冰雹	1.3
雾	15.9	降雪	21.1

全年月最高气温 38.2 ℃，出现在 6 月，月最低气温－32.7 ℃，出现在 1 月，月平均气温在－12.6～23.9 ℃，四季分明。各月气温情况如图 3.3.1 所示。

降水主要集中在 6—8 月，其中 7—8 月的降水量占全年降水量的 49.9%，月降水量 7 月多于 8 月，为 110.8 mm。各月降水量情况如图 3.3.2 所示。

科尔沁左翼后旗年最多风向为南，其频率为 14.13%，其次为西南偏南，风向频率为 13.79%。静风风向频率为 3.15%，即全年风速较小的时间较少。具体风向频率如图 3.3.3 所示。

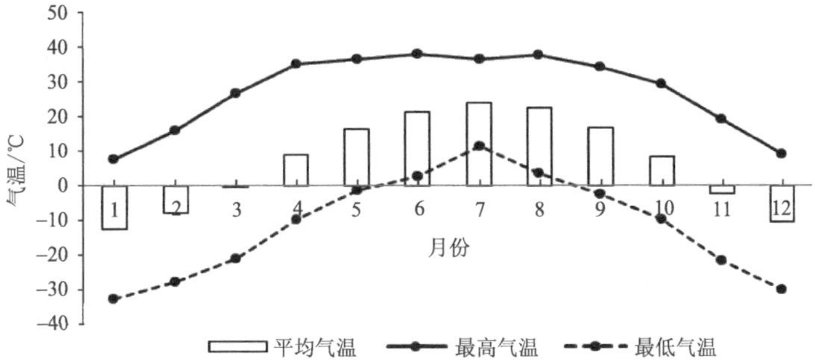

图 3.3.1 1991—2020 年科尔沁左翼后旗各月气温情况

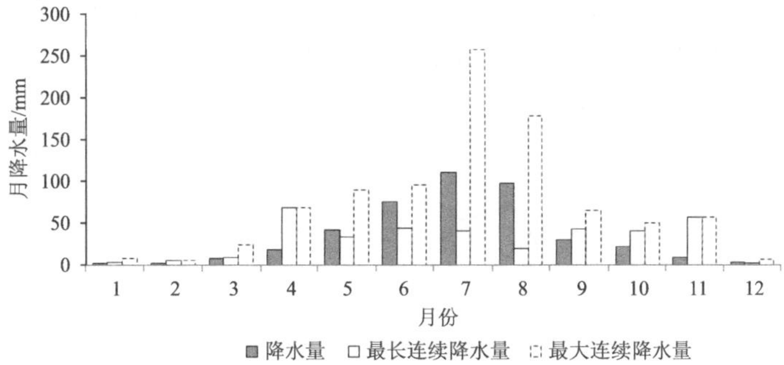

图 3.3.2 1991—2020 年科尔沁左翼后旗降水月平均值和降水月极值

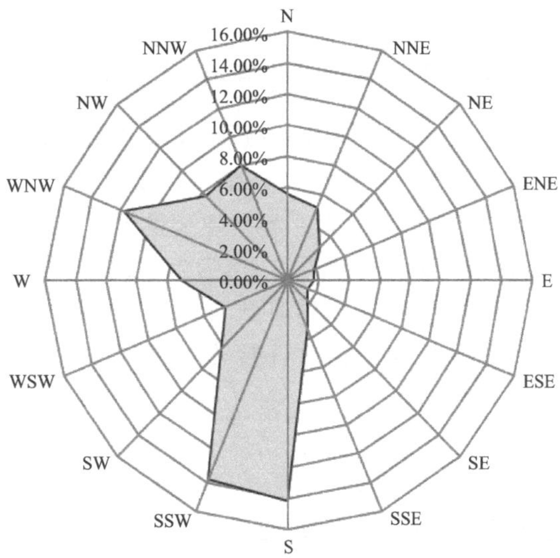

图 3.3.3 1991—2020 年科尔沁左翼后旗风玫瑰图

霜、结冰、积雪日数月年变化一致性较高，冬季结冰日数可超过每月日数的 94%，冬季霜、结冰日数可超过每月日数的 45%，无霜期主要出现在 5—8 月，一般 9 月开始出现结冰，10 月开始出现积雪，次年 5 月结冰、积雪完全融化。各月霜、结冰、积雪日数如图 3.3.4 所示。

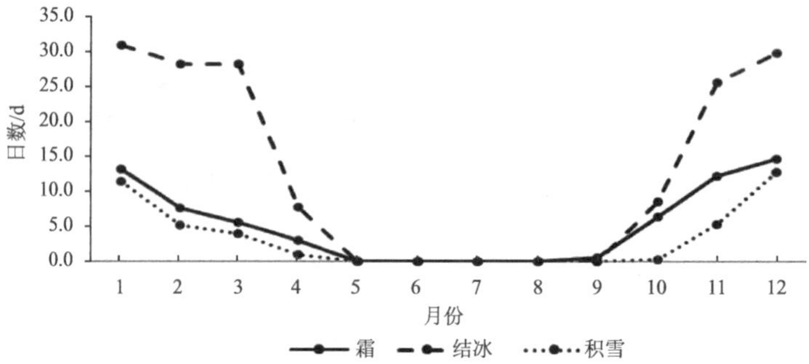

图3.3.4　1991—2020年科尔沁左翼后旗霜、结冰、积雪日数

科尔沁左翼后旗沙尘天气较少，年沙尘日暴数不足1 d，大风、沙尘天气主要发生在春季，大风较多日数主要出现在4月，为5.8 d，扬沙较多日数主要出现在4月，为1.8 d。各月扬沙、大风、沙尘暴日数如图3.3.5所示。

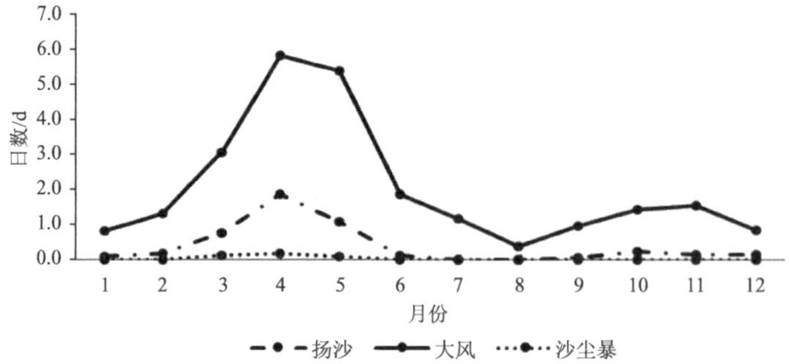

图3.3.5　1991—2020年科尔沁左翼后旗扬沙、大风、沙尘暴日数

科尔沁左翼后旗空气质量较好，霾天气出现较少，年霾日数不足1 d，轻雾、雾主要出现在夏季，轻雾日数以7月居多，为5.0 d，雾日数以8月居多，为2.8 d。

科尔沁左翼后旗出现冰雹天气较少，闪电、雷暴主要发生在5—9月，月雷暴日数最大值出现在6月，为4.9 d；月闪电日数最大值出现在8月，为1.7 d。

科尔沁左翼后旗全年雨日数为82.9 d，雪日数为21.1 d，雨季主要出现在4—10月，以7月降水日数最多，为15.3 d，冬季以12月降雪日数最多，为4.1 d。

3.4　科尔沁左翼中旗

科尔沁左翼中旗位于内蒙古通辽市东部。与吉林省交界，地处松辽平原向内蒙古高原过渡地带。境内有西辽河、新开河、乌力吉木仁河3条河流贯穿境内。属中温带大陆性季风气候。

四季分明，春季回暖快，干旱多风；夏季炎热，降水集中，雨热同季。无霜期较长，日照充足，积温有效性高，降水量偏少，蒸发量大。年平均气温为6.6 ℃，极端最高气温为39 ℃，极端最低气温为−35.9 ℃，年平均降水量为395.2 mm，年平均相对湿度57%，年平均日照时数为2778.5 h，日照百分率为64%，年蒸发量为1840.7 mm，年平均风速为3.4 m/s，最多风向为南。本地降水量分布特点：降水主要集中在 6—8 月，约占年降水量的 67%，最大日降水量达 134.6 mm。冻土分布特点：10 月开始自北向南封冻，最大冻土深度可达 192.0 cm，次年 4 月开始冻土慢慢融化，并于 6 月化通。

科尔沁左翼中旗天气现象统计详情见表 3.4.1。

表 3.4.1　科尔沁左翼中旗主要天气现象统计(1991—2020 年平均)

天气现象	发生日数/d	天气现象	发生日数/d
霜	56.0	大风	22.9
沙尘暴	0.7	冰雹	0.4
雾	7	降雪	20.9

全年月最高气温 39.0 ℃，出现在 6 月和 7 月，月最低气温 −35.9 ℃，出现在 1 月，月平均气温在 −14.7～24.5 ℃，四季分明。各月气温情况如图 3.4.1 所示。

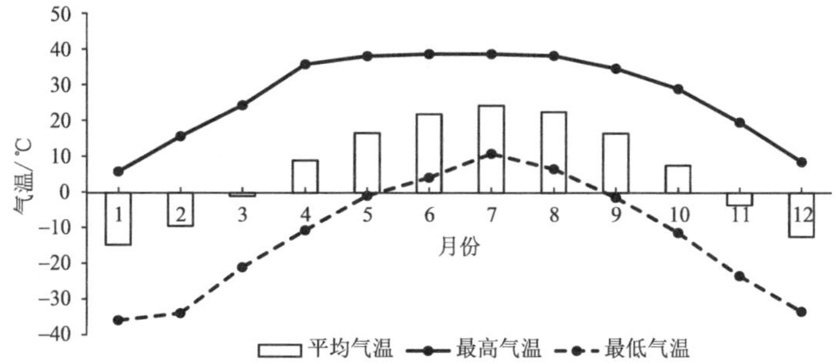

图 3.4.1　1991—2020 年科尔沁左翼中旗各月气温情况

降水主要集中在 6—8 月，其中 7—8 月的降水量占全年降水量的 48.1%，月降水量 7 月多于 8 月，但 8 月单次过程降水量大。各月降水量情况如图 3.4.2 所示。

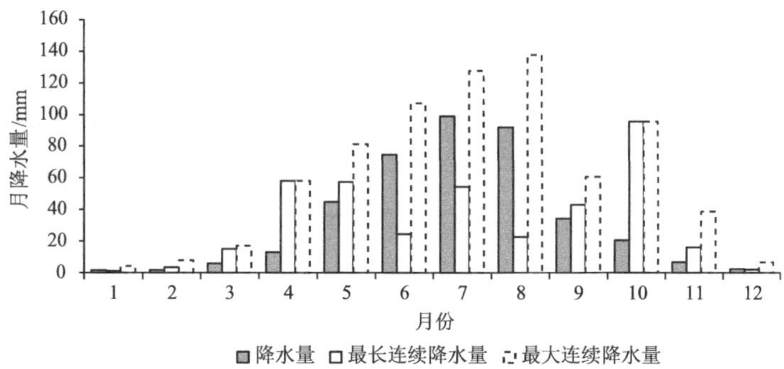

图 3.4.2　1991—2020 年科尔沁左翼中旗降水月平均值和降水月极值

科尔沁左翼中旗年最多风向为南，其风向频率为 12.15%，即全年有接近 1/8 的时间盛行南风；除南风外，其次盛行西北偏西风，风向频率为 9.75%；静风的风向频率为 2.65%，即风速较小的时间较少。具体风向频率如图 3.4.3 所示。

霜、结冰、积雪日数月年变化一致性较高，冬季结冰日数可达每月日数的 96.5%，无霜期主要出现在 5—8 月，一般 9 月出现结冰，10 月出现积雪，次年 5 月积雪完全融化，6 月结冰消失。各月霜、结冰、积雪日数如图 3.4.4 所示。

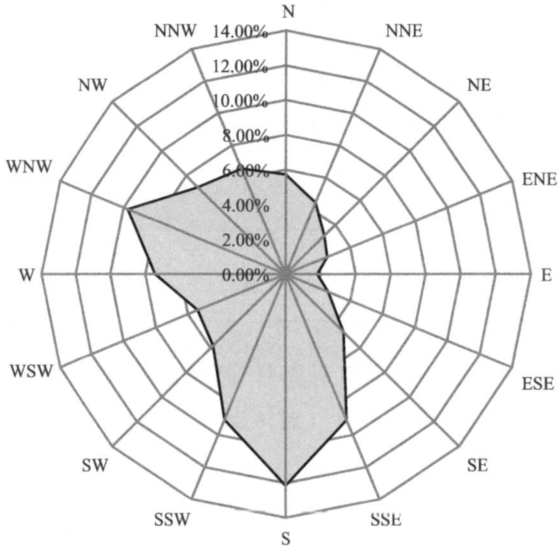

图 3.4.3　1991—2020 年科尔沁左翼中旗风玫瑰图

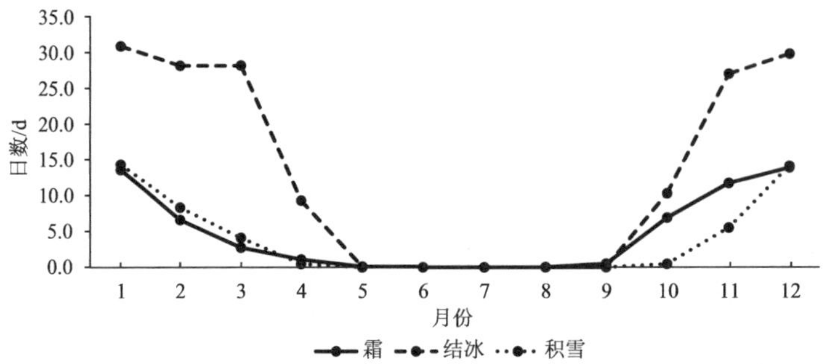

图 3.4.4　1991—2020 年科尔沁左翼中旗霜、结冰、积雪日数

科尔沁左翼中旗沙尘天气较少，年沙尘日暴数不足 1 d，大风、沙尘天气主要发生在春季，大风较多日数主要出现在 4 月和 5 月，4 月平均沙尘暴日数为 0.4 d，平均扬沙日数为 2.2 d，平均大风日数为 5.6 d。各月扬沙、大风、沙尘暴日数如图 3.4.5 所示。

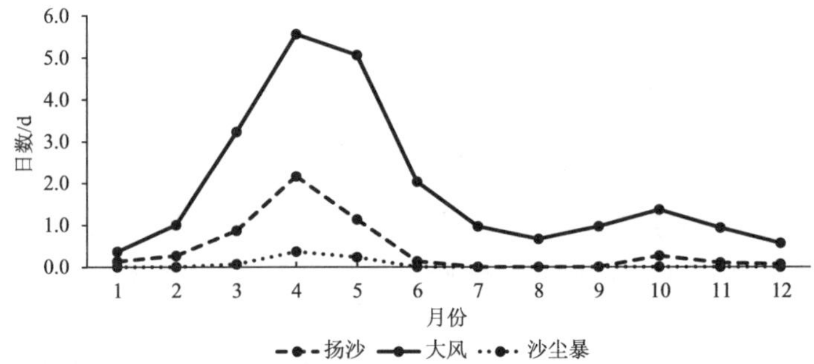

图 3.4.5　1991—2020 年科尔沁左翼中旗扬沙、大风、沙尘暴日数

霾主要出现在秋、冬和春季，以 1 月居多，为 1.7 d；雾主要出现在秋季，以 11 月居多，为 1.2 d；轻雾主要出现在夏季，以 7 月居多，为 4.9 d。

科尔沁左翼中旗冰雹天气较少，年冰雹日数不足 0.5 d，闪电、雷暴、冰雹主要发生在 5—9 月，雷暴以 6 月居多，为 5.4 d；闪电较多日数主要出现在 6 月、7 月和 8 月，均为 0.9 d。

科尔沁左翼中旗全年雨日数为 75.7 d，雪日数为 20.9 d，雨季主要出现在 5—9 月，以 6 月降水日数最多，为 14.5 d，冬季以 12 月降雪日数最多，为 4.9 d，春季和秋季有雨雪交加或雨夹雪天气发生。

3.5　库伦旗

库伦旗位于内蒙古通辽市西南部，南与辽宁省的阜新、彰武两县接壤，东、西分别与通辽市的科尔沁左翼后旗、奈曼旗为邻，旗北部以“八百里[①]瀚海”的塔敏查干沙漠绵延，草甸草原平坦辽阔，以牧业为主；南部山区沟壑纵横、山地丛林茂密，以农业为主。属于温带大陆性气候。冬、夏季分别受蒙古高压和大陆低压控制，具有寒暑、干湿变化显著的特点。冬季漫长寒冷，从大陆中心向沿海移动的寒潮频繁过境，小雪天气多；春季干旱多风，温度骤升，夏季温热短促，降水集中频繁；秋季凉爽短促，大陆性气候明显。日照充足，积温有效性高，降水量偏小，蒸发量大。

库伦旗年平均气温为 7.8 ℃，极端最高气温为 41 ℃，极端最低气温为 −29.1 ℃，年平均降水量为 408.4 mm，年平均相对湿度为 52%，年平均日照时数为 2980.1 h，日照百分率为 69%，年蒸发量为 2154.4 mm，年平均风速为 3.4 m/s，最多风向为北西北。本地降水量分布特点：降水主要集中在 6—8 月，约占年降水量的 68.5%，最大日降水量达 191.5 mm。冻土分布特点：10 月开始自北向南封冻，最大冻土深度可达 175.0 cm，次年 4 月开始冻土慢慢融化，并于 6 月化通。

库伦旗天气现象统计详情见表 3.5.1。

表 3.5.1　库伦旗主要天气现象统计(1991—2020 年平均)

天气现象	发生日数/d	天气现象	发生日数/d
霜	36.4	大风	20.8
沙尘暴	0.6	冰雹	0.5
雾	9.4	降雪	20.9

全年月最高气温 41 ℃，出现在 5 月，月最低气温 −29.1 ℃，出现在 1 月，月平均气温在 −11.4～24.1 ℃，四季分明。各月气温情况如图 3.5.1 所示。

降水主要集中在 6—8 月，其中 7—8 月的降水量占全年降水量的 49.2%，月降水量 7 月多于 8 月，且 7 月单次过程降水量大、持续时间长。各月降水量情况如图 3.5.2 所示。

库伦旗年最多风向为北西偏北，其频率为 14.61%。静风风向频率为 4.81%，即全年风速较小的时间较少。具体风向频率如图 3.5.3 所示。

霜、结冰、积雪日数月年变化一致性较高，冬季霜、结冰、积雪日数可超过每月日数的 90%，无霜期主要出现在 5—9 月，一般 10 月开始出现结冰、积雪，次年 4 月结冰、积雪完全融

① 1 里＝500 m。

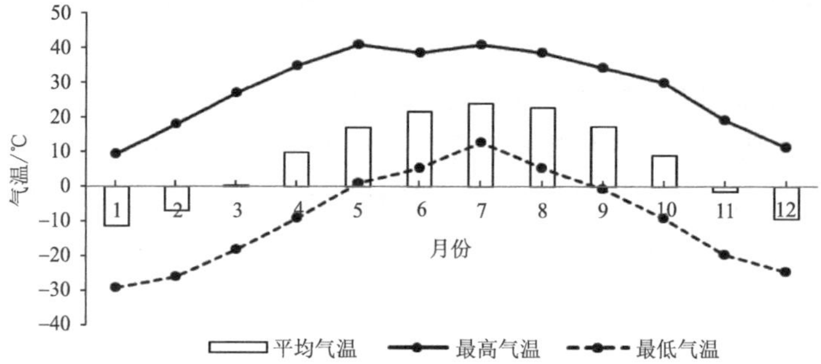

图 3.5.1　1991—2020 年库伦旗各月气温情况

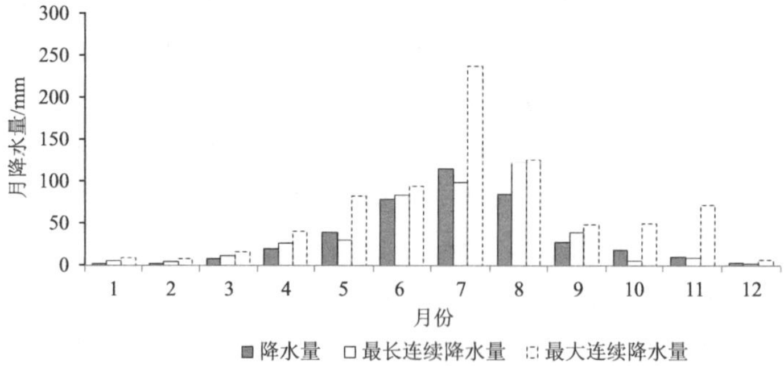

图 3.5.2　1991—2020 年库伦旗降水月平均值和降水月极值

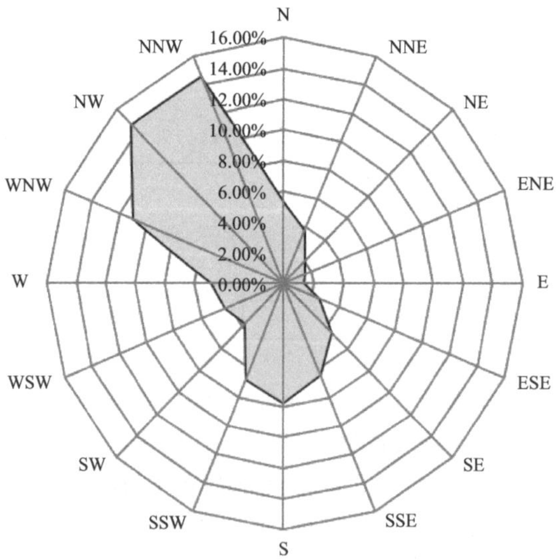

图 3.5.3　1991—2020 年库伦旗风玫瑰图

化。各月霜、结冰、积雪日数如图 3.5.4 所示。

库伦旗沙尘天气较少，年沙尘日暴数不足 1 d，大风、扬沙天气主要发生在春季，大风和扬沙较多日数主要出现在 4 月，分别为 5.2 d 和 3.0 d。各月扬沙、大风、沙尘暴日数如图 3.5.5 所示。

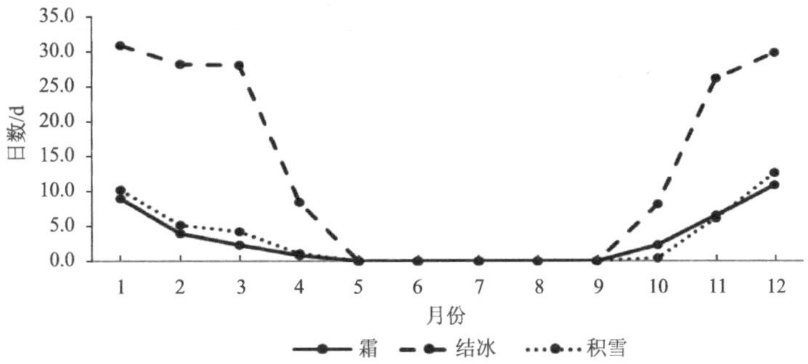

图 3.5.4　1991—2020 年库伦旗霜、结冰、积雪日数

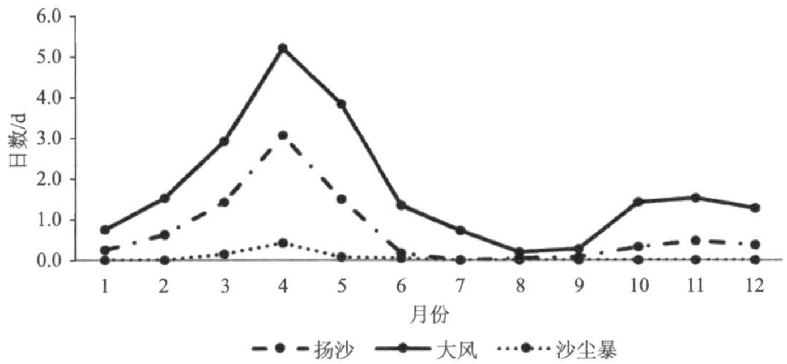

图 3.5.5　1991—2020 年库伦旗扬沙、大风、沙尘暴日数

库伦旗空气质量较好，雾、霾天气出现较少，月最多霾日数为 0.7 d；轻雾、雾主要出现在夏季和秋季，月轻雾日数为 12.1 d，月雾日数为 1.9 d。

库伦旗出现冰雹天气较少，年冰雹日数不足 1 d。闪电、雷暴主要发生在 5—9 月，雷暴日数以 7 月居多，为 5.9 d，闪电日数以 9 月居多，为 0.9 d。

库伦旗全年雨日数为 79.5 d，雪日数为 20.9 d，雨季主要出现在夏季 4—10 月，以 7 月降水日数最多，为 15.3 d，冬季以 12 月降雪日数最多，为 4.0 d。

3.6　奈曼旗

奈曼旗位于辽西山地北部和西辽河平原南端，地势由西南向东北逐渐倾斜，西南高，东北低，属中温带半干旱大陆性季风气候区。北部为缓慢下降带，以堆积为主，南部处于辽西山地北缘，为燕山余脉。四季分明，冬季漫长寒冷，春季干旱多风，夏季温热短促，降水集中，雨热同季。无霜期较长，日照充足，积温有效性高，降水量偏小，蒸发量大。年平均气温为 7.6 ℃，极端最高气温为 40.6 ℃，极端最低气温为－30.2 ℃，年平均降水量为 349.3mm，年相对湿度为 52%，年平均日照时数为 2940.7 h，日照百分率为 67%，年蒸发量为 1827.5 mm，年平均风速为 3.1 m/s，最多风向为南，年最大积雪深度为 28 cm。本地降水量分布特点：降水主要集中在 6—8 月，约占年降水量的 66%，最大日降水量达 144.1 mm。冻土分布特点：10 月开始自北向南封冻，最大冻土深度可达 149 cm，次年 4 月开始冻土慢慢融化，并于 6 月化通。

奈曼旗天气现象统计详情见表 3.6.1。

表 3.6.1 奈曼旗主要天气现象统计(1991—2020年平均)

天气现象	发生日数/d	天气现象	发生日数/d
霜	62.0	大风	22.9
沙尘暴	0.6	冰雹	0.8
雾	4.0	降雪	20.6

全年月最高气温 40.6 ℃,出现在7月,月最低气温 −32.0 ℃,出现在1月,月平均气温在 −11.7～24.3 ℃ ,四季分明。各月气温情况如图 3.6.1 所示。

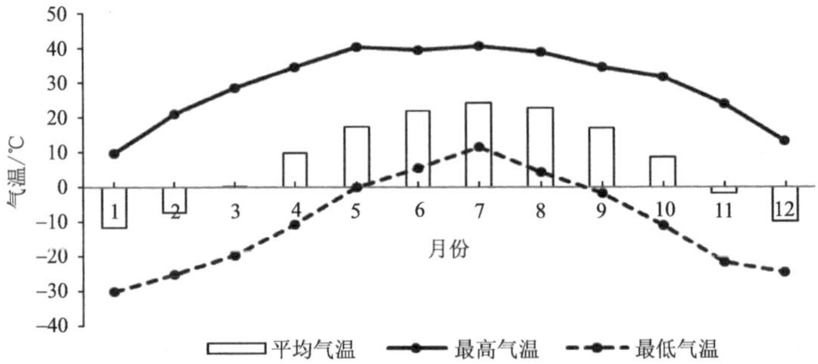

图 3.6.1 1991—2020年奈曼旗各月气温情况

降水主要集中在6—8月,其中7—8月的降水量占全年降水量的 47.0%,月降水量和最大连续降水量7月最大,最长连续降水量出现在6月。各月降水量情况如图 3.6.2 所示。

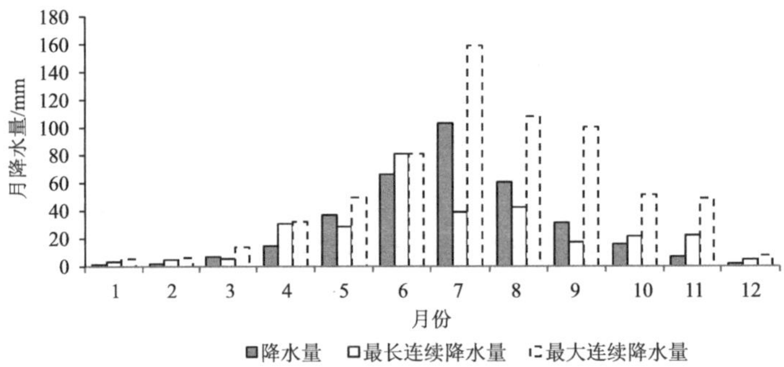

图 3.6.2 1991—2020年奈曼旗降水月平均值和降水月极值

奈曼旗主要盛行南风,风向频率为 11.83%,其次为西北偏西风,风向频率为 11.46%,再次为东南偏南风,风向频率为 9.46%;全年出现静风的频率较低,频率为 2.42%。具体风向频率如图 3.6.3 所示。

霜、结冰、积雪日数月年变化一致性较高,冬季霜日数一般超过每月日数的 30%,结冰可超过每月日数的 96%,积雪日数较少,一般超过每月日数的 23%以上,无霜期主要出现在6—8月,一般9月开始出现结冰,10月开始出现积雪,次年5月积雪完全融化,6月结冰消失。各月霜、结冰、积雪日数如图 3.6.4 所示。

奈曼旗大风、沙尘天气较少,年沙尘日数 1.0 d 左右,大风、沙尘天气主要发生在春季,大风较多日数主要出现在4月和5月,4月平均沙尘暴日数为 0.4 d,平均扬沙日数为 1.1 d,平均大风日数为 5.1 d。各月扬沙、大风、沙尘暴日数如图 3.6.5 所示。

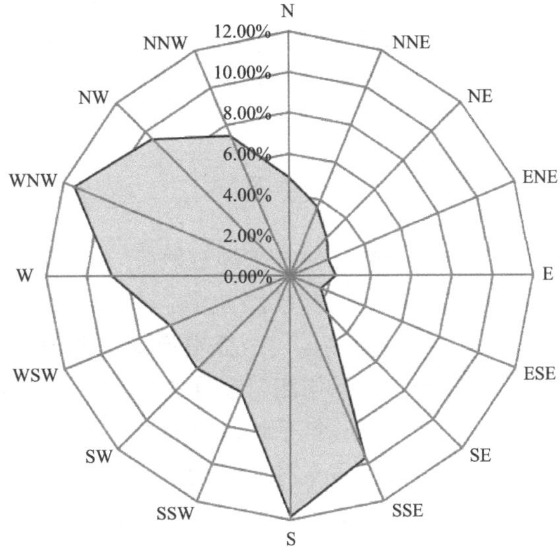

图 3.6.3　1991—2020 年奈曼旗风玫瑰图

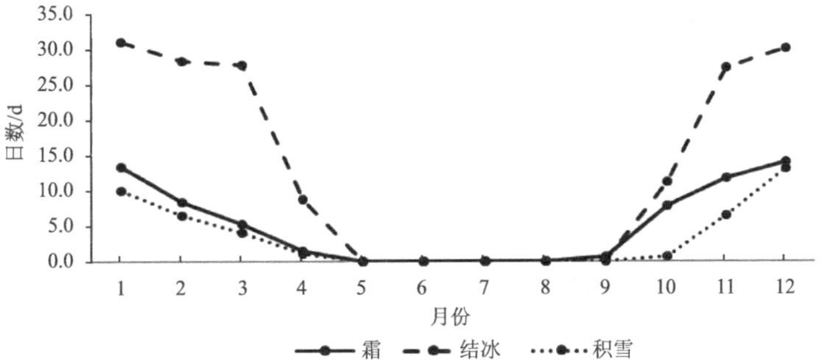

图 3.6.4　1991—2020 年奈曼旗霜、结冰、积雪日数

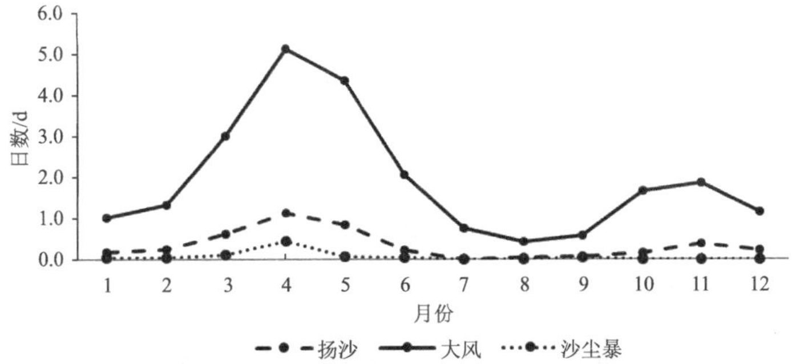

图 3.6.5　1991—2020 年奈曼旗扬沙、大风、沙尘暴日数

奈曼旗空气质量较差，雾、霾天气出现较多，霾主要出现在秋、冬和春季，月最多霾出现日数为 3.3 d；轻雾、雾主要出现在夏季，以 7 月居多，月轻雾日数为 3.8 d，月雾日数为 0.7 d。

闪电、雷暴、冰雹主要发生在 5—9 月，雷暴以 6—7 月居多，均为 5.8 d，闪电以 8 月居多，为1.0 d;冰雹以6月最多,为0.4 d。

奈曼旗全年雨日数为79.7 d,雪日数为20.6 d,降雨主要出现在夏季(5—9月),以7月降水日数最多,为15.2 d,冬季以12月降雪日数最多,为3.7 d,春季和秋季有雨雪交加或雨夹雪天气发生。

3.7 扎鲁特旗

扎鲁特旗地处通辽市北部,大兴安岭与松辽平原过渡带,属中温带半干旱大陆性季风气候区。北部干旱多风,夏季温热短促,降水集中,雨热同季。无霜期较长,日照充足,积温有效性高,降水量偏小,蒸发量大。年平均气温为7.5 ℃,极端最高气温为43.7 ℃,极端最低气温为−27.4 ℃,年平均降水量为369 mm,年平均相对湿度为47%,年平均日照时数为2815.7 h,日照百分率为65%,年蒸发量为1937 mm,年平均风速为2.3 m/s,最多风向为西。本地降水量分布特点:降水主要集中在6—8月,约占年降水量的74%,最大日降水量达144.5 mm。冻土分布特点:10月开始封冻,最大冻土深度可达172.0 cm,次年4月开始冻土慢慢融化,并于5月化通。

扎鲁特旗天气现象统计详情见表3.7.1。

表3.7.1 扎鲁特旗主要天气现象统计(1991—2020年平均)

天气现象	发生日数/d	天气现象	发生日数/d
霜	28.6	大风	11.0
沙尘暴	0.4	冰雹	0.7
雾	1.6	降雪	15.5

全年月最高气温43.7 ℃,出现在6月,月最低气温−27.4 ℃,出现在1月,月平均气温在−11.8~24.8 ℃,四季分明。各月气温情况如图3.7.1所示。

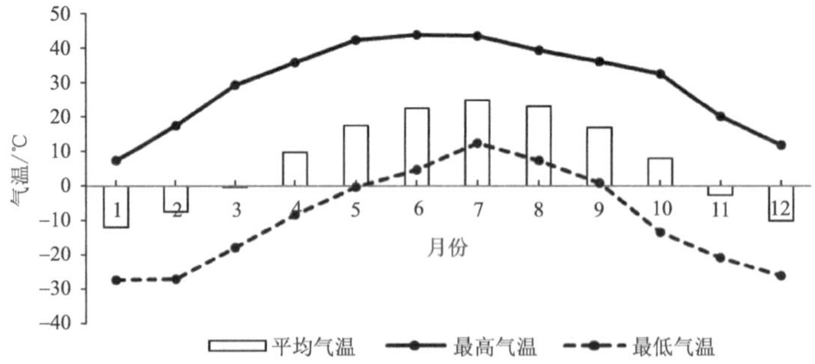

图3.7.1 1991—2020年扎鲁特旗各月气温情况

降水主要集中在6—8月,其中7—8月的降水量占全年降水量的53.8%,月降水量、单次过程降水量7月多于8月,但8月单次过程降水量大、持续时间较长。各月降水量情况如图3.7.2所示。

扎鲁特旗年最多风向为西北,其频率为16.67%;其次盛行西北偏西风,风向频率为14.96%,静风风向频率为11.12%。具体风向频率如图3.7.3所示。

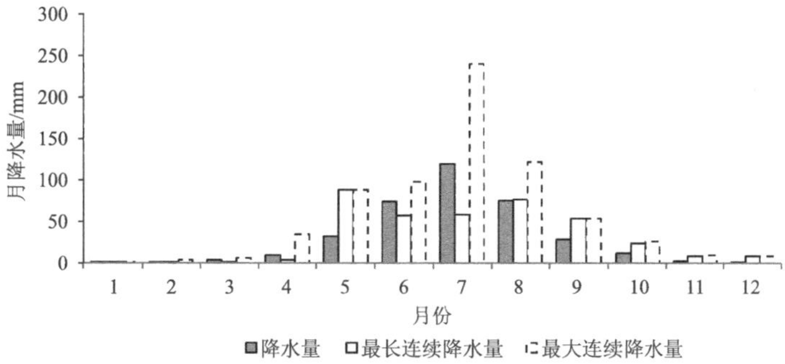

图 3.7.2　1991—2020 年扎鲁特旗降水月平均值和降水月极值

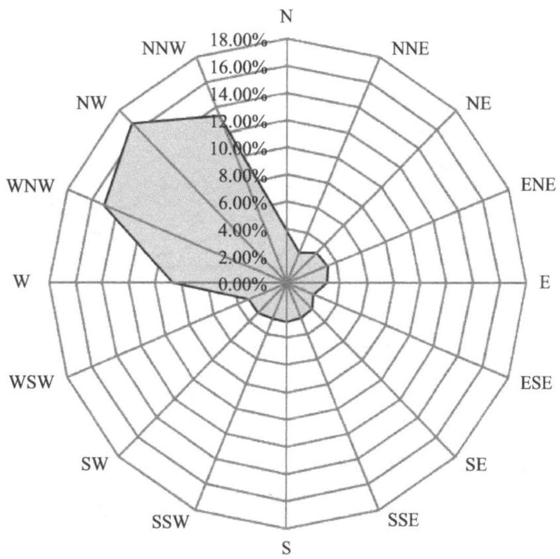

图 3.7.3　1991—2020 年扎鲁特旗风玫瑰图

晴天日数占全年日数的 28.6%，阴天日数占全年日数的 16.1%，晴天主要出现在秋、冬季，可达每月日数的 34.8%，阴天主要出现在夏季，可达每月日数的 31.2%。

霜、结冰、积雪日数月年变化一致性较高，冬季霜日数可超过每月日数的 14%，冬季结冰日数可超过每月日数的 99%，积雪日数可超过每月日数的 16%，无霜期主要出现在 5—9 月，一般 10 月开始出现结冰、积雪，次年 5 月积雪完全融化，6 月结冰消失。各月霜、结冰、积雪日数如图 3.7.4 所示。

扎鲁特旗大风、沙尘天气较少，年沙尘暴日数不足 1 d，大风、沙尘天气主要发生在春季，大风较多日数主要出现在 4 月和 5 月，4 月平均沙尘暴日数为 0.2 d，平均扬沙日数为 0.8 d，平均大风日数为 2.5 d。各月扬沙、大风、沙尘暴日数如图 3.7.5 所示。

扎鲁特旗霾主要出现在秋、冬和夏季，月最多霾日数为 2.2 d；轻雾、雾主要出现在夏季，以 8 月居多，月轻雾日数为 1.9 d。

闪电、雷暴、冰雹主要发生在 5—9 月，雷暴以 7 月居多，为 6.4 d，闪电以 8 月居多，为 0.8 d；冰雹以 7—8 月最多，为 0.1 d。

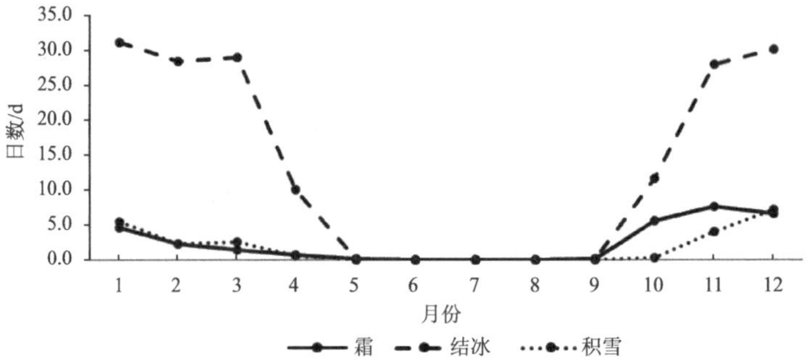

图 3.7.4　1991—2020 年扎鲁特旗霜、结冰、积雪日数

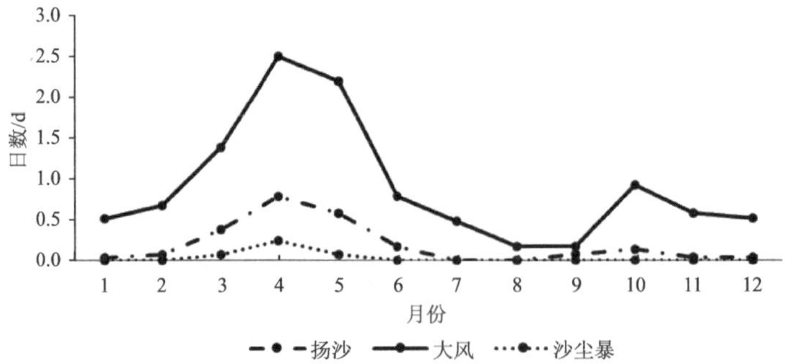

图 3.7.5　1991—2020 年扎鲁特旗扬沙、大风、沙尘暴日数

扎鲁特旗全年雨日数为 74.4 d，雪日数为 15.5 d，降雨主要发生在夏季(5—9 月)，以 6 月降水日数最多，为 15.2 d，冬季以 12 月降雪日数最多，为 2.9 d，春季和秋季有雨雪交加或雨夹雪天气发生。

3.8　开鲁县

开鲁县地处东北平原通辽市中西部，科尔沁草原西北，辽河冲积平原中部地带，属中温带半干旱大陆性季风气候。春季回暖晚，十年九旱；夏季高温少雨，阶段性夏旱年份多，降水分布不均，变率大；秋季冷空气活动频繁，降温快、温差大；冬季干燥寒冷。

四季分明，温差大，干旱少雨，季风气候明显。初霜早，无霜期适中。年平均气温为－7.3 ℃，极端最高气温为 41.7 ℃，极端最低气温为－33.6℃，年平均降水量为 328.3 mm，年平均相对湿度为 51%，年平均日照时数为 3090.4 h，日照百分率为 71%，年蒸发量为 1915.7 mm，年平均风速为 3.5 m/s，最多风向为西。本地降水量分布特点：降水主要集中在 6—8 月，约占年降水量的 67%，最大日降水量达 135.1 mm。冻土分布特点：10 月开始自北向南封冻，最大冻土深度可达 179 cm，次年 4 月开始冻土慢慢融化，并于 6 月化通。

开鲁县天气现象统计详情见表 3.8.1。

表 3.8.1　开鲁县主要天气现象统计(1991—2020 年平均)

天气现象	发生日数/d	天气现象	发生日数/d
霜	79.9	大风	30.4
沙尘暴	0.8	冰雹	0.7
雾	3.3	降雪	17.7

全年月最高气温 41.7 ℃,出现 5 月,月最低气温 −33.6 ℃,出现在 1 月,月平均气温在 −12.7～24.6 ℃ ,四季分明。各月气温情况如图 3.8.1 所示。

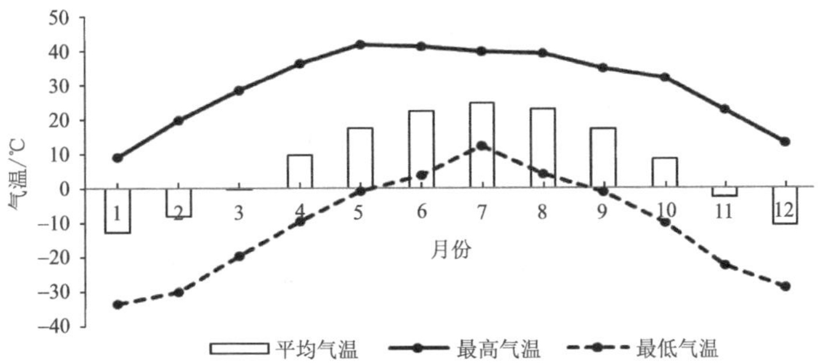

图 3.8.1　1991—2020 年开鲁县各月气温情况

降水主要集中在 6—8 月,其中 7—8 月的降水量占全年降水量的 46.9%,月降水量 7 月多于 8 月,但 8 月单次过程降水量大、持续时间长。各月降水量情况如图 3.8.2 所示。

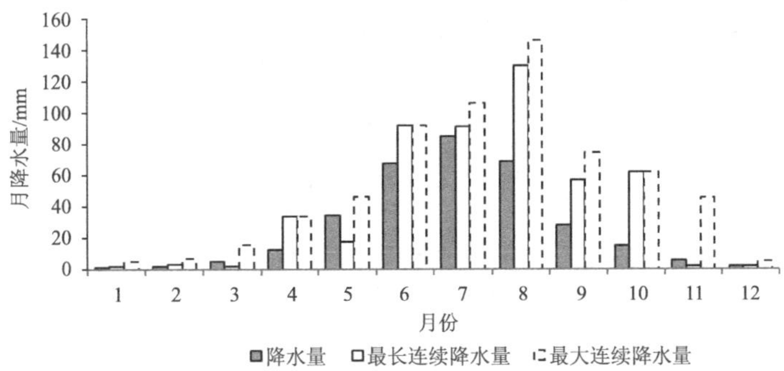

图 3.8.2　1991—2020 年开鲁县降水量情况

开鲁县年最多风向为西北,其频率为 11.25%,即全年约 1/10 的时间盛行西北风,其次为西北偏北风,风向频率为 10.41%,静风风向频率为 2.43%,即全年出现静风的时间较少。具体风向频率如图 3.8.3 所示。

晴天日数占全年日数的 31.9%,阴天日数占全年日数的 15.5%,晴天主要出现在秋、冬季,可达每月日数的 46.2%,阴天主要出现在夏季,可达每月日数的 15.3%。

霜、结冰、积雪日数月年变化一致性较高,冬季霜、结冰、积雪日数可超过每月日数的 60%,无霜期主要出现在 6—8 月,一般 9 月开始出现结冰,10 月开始出现积雪,次年 5 月积雪完全融化,6 月结冰消失。各月霜、结冰、积雪日数如图 3.8.4 所示。

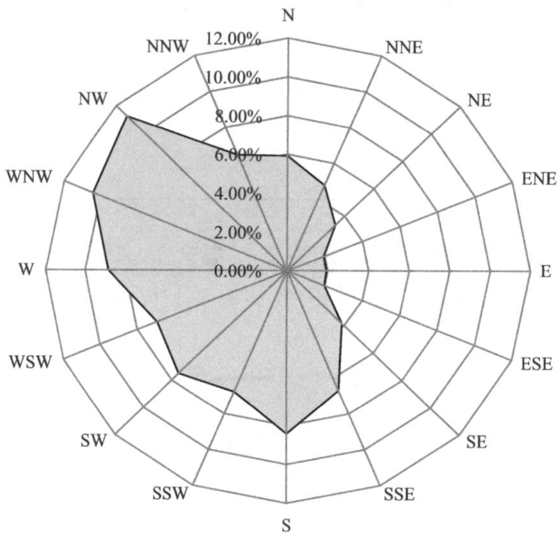

图 3.8.3　1991—2020 年开鲁县风玫瑰图

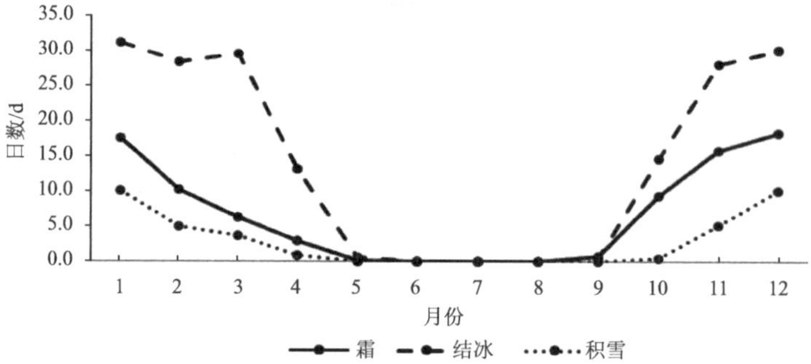

图 3.8.4　1991—2020 年开鲁县霜、结冰、积雪日数

开鲁县大风、沙尘天气较少，年沙尘暴日数不足 1 d，大风、沙尘天气主要发生在春季，大风较多日数主要出现在 4 月和 5 月，5 月平均沙尘暴日数为 0.2 d，平均扬沙日数为 1.3 d，平均大风日数为 5.8 d。各月扬沙、大风、沙尘暴日数如图 3.8.5 所示。

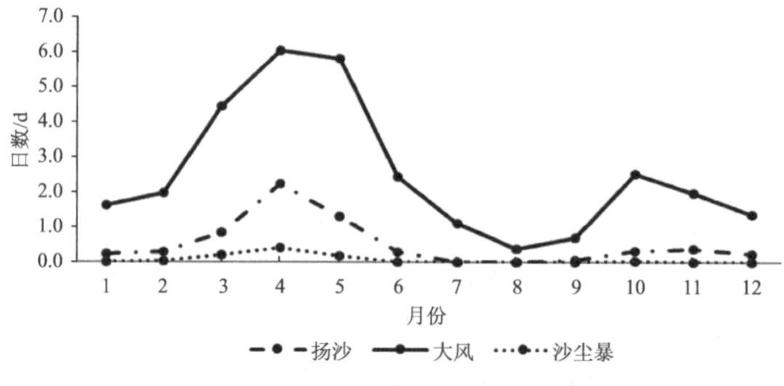

图 3.8.5　1991—2020 年开鲁县扬沙、大风、沙尘暴日数

开鲁县空气质量较好，雾、霾天气出现较少，霾主要出现在秋、冬和春季，月最多霾日数为 3.3 d；轻雾、雾主要出现在夏季，轻雾以 7 月居多，月雾日数为 6.1 d，雾以 8 月居多，月雾日数为 0.8 d。

闪电、雷暴、冰雹主要发生在 5—9 月，雷暴、闪电均以 7 月居多，雷暴为 5.2 d，闪电为 2.5 d；冰雹以 6 月最多，为 0.4 d。

开鲁县全年雨日数为 69.4 d，雪日数为 17.7 d，雨季主要出现在夏季(5—9 月)，以 7 月降水日数最多，为 13.5 d，冬季以 12 月降雪日数最多，为 3.5 d，春季和秋季存在雨雪交加或雨夹雪的情况。

第4章 赤峰市气候特点与天气现象分析

赤峰市地处内蒙古自治区东南部，位于大兴安岭南段和燕山北麓山地，西拉木伦河南北与老哈河流域广大地区，是内蒙古高原、冀北丘陵和辽宁平原的截接复合部位，具有独特的地理位置和地质构造，呈三面环山、西高东低、多山多丘陵的地貌特征，属温带半干旱大陆性季风气候区。大部分地区年平均气温为0～7 ℃，全市年平均气温的分布由西北向东南递增。全市年平均降水量为383 mm，大部分地区为350～450 mm。由于受地形和季风影响，降水量分布趋势自西南向东北逐渐减少。全市各地日照时数多在2800～3100 h。四季分明，冬季漫长寒冷，雪少风多；春季升温快，干旱多风；夏季短促，雨量集中；秋季气温下降快，霜冻来临早，多晴朗天气。

4.1 松山区

松山区属中温带半干旱大陆性季风气候区。春季干旱多风，蒸发量大，气温回升快；夏季雨热同期，降水集中；秋季短促，气温下降快，初霜降临早；冬季漫长寒冷，日照充足。年平均气温为7.8 ℃，极端最高气温为40.4 ℃，极端最低气温为－27.8 ℃，年平均降水量为383.7 mm，降水主要集中在6—8月，约占年降水量的67%，最大日降水量达99.7 mm；年平均相对湿度49%，年平均日照时数为2957.7 h，日照百分率为67%，年蒸发量为2031 mm，年平均风速为2.3 m/s，最多风向为西南。冻土分布特点：10月开始封冻，最大冻土深度可达190.0 cm，次年4月开始冻土慢慢融化，并于6月化通。

松山区天气现象统计详情见表4.1.1。

表4.1.1 赤峰市主要天气现象统计(1991—2020年平均)

天气现象	发生日数/d	天气现象	发生日数/d
霜	64.6	大风	14.1
沙尘暴	0.5	冰雹	1.1
雾	2.0	降雪	16.5

全年月最高气温40.4 ℃，出现在7月，月最低气温－27.8 ℃，出现在1月，月平均气温在－10.2～23.8 ℃，四季分明。各月气温情况如图4.1.1所示。

降水主要集中在6—8月，其中7—8月的降水量占全年降水量的48.92%，最长连续降水量和最大连续降水量都出现在7月。各月降水量情况如图4.1.2所示。

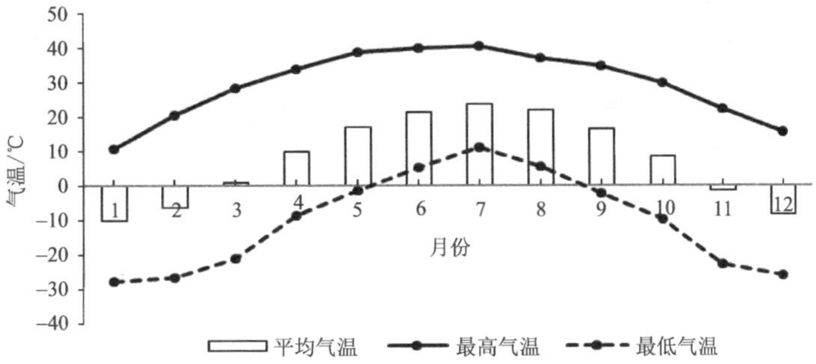

图 4.1.1　1991—2020 年赤峰市各月气温情况

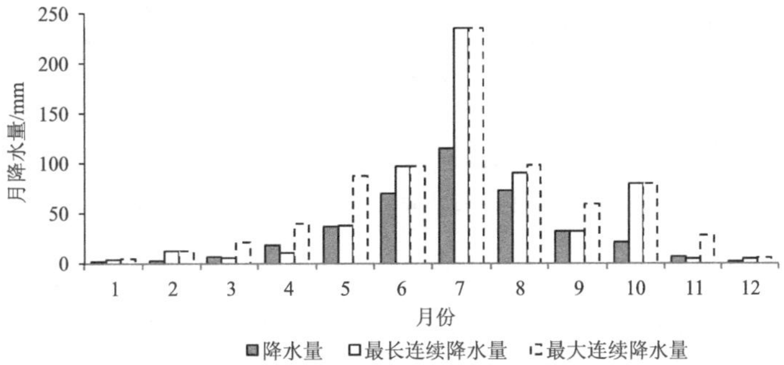

图 4.1.2　1991—2020 年赤峰市降水月平均值和降水月极值

全年盛行静风，其频率为 14.44%，即全年约有 50 d 的时间风速较小，几乎无风；除静风外，主要盛行风向为西南，风向频率为 12.58%，其次为西西南风，风向频率为 10.49%。具体风向频率如图 4.1.3 所示。

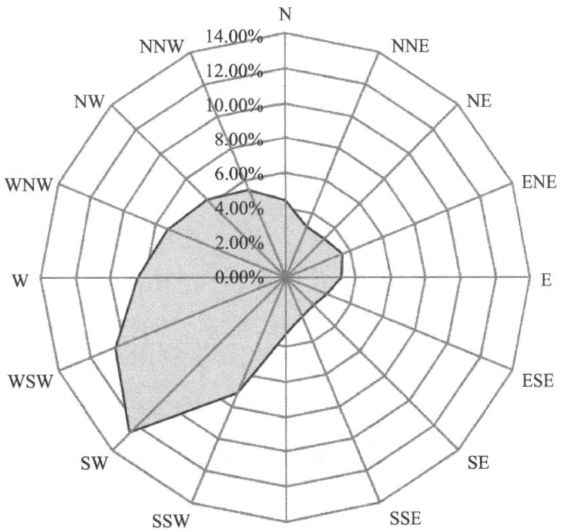

图 4.1.3　1991—2020 年赤峰市风玫瑰图

晴天日数占全年日数的32.2%，阴天日数占全年日数的13.3%，晴天主要出现在秋、冬季，可超过每月日数的45%，阴天主要出现在夏季，可超过每月日数的20%。

霜、结冰、积雪变化一致性较高，冬季结冰日数可超过每月的96%，霜日数可超过每月日数的28%，积雪日数较少，仅占每月日数的14%左右，无霜期主要出现在5—8月，一般9月开始出现结冰，10月开始出现积雪，次年6月积雪完全融化、结冰消失。各月霜、结冰、积雪日数如图4.1.4所示。

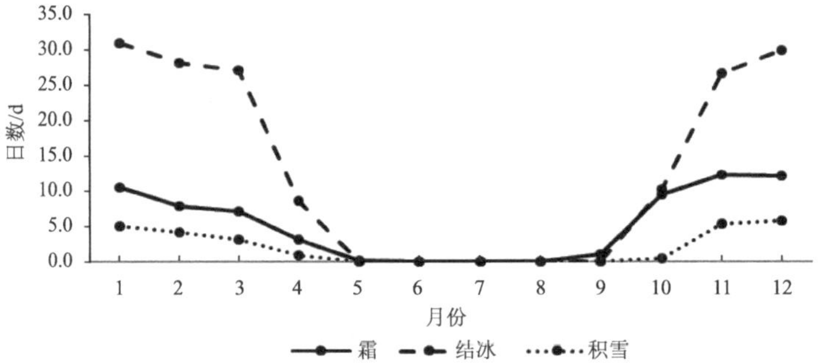

图4.1.4　1991—2020年赤峰市霜、结冰、积雪日数

赤峰市大风、沙尘天气较少，年沙尘暴日数不足1 d，大风、沙尘天气主要发生在春季，大风较多日数主要出现在4月和5月，4月平均沙尘暴日数为0.3 d，平均扬沙日数为1.3 d，平均大风日数为3.4 d。各月扬沙、大风、沙尘暴日数如图4.1.5所示。

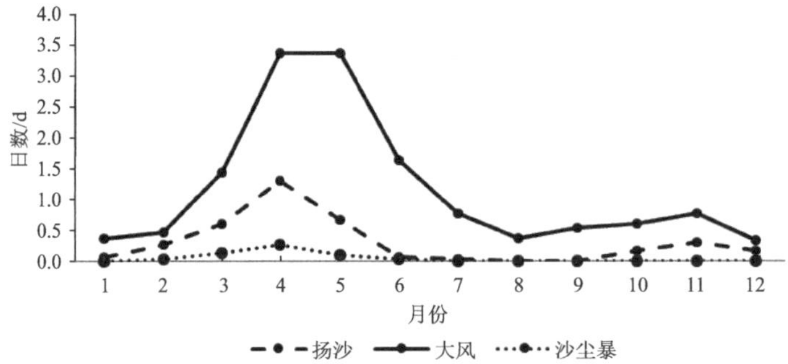

图4.1.5　1991—2020年赤峰市扬沙、大风、沙尘暴日数

赤峰市空气质量较好，雾、霾天气出现较少，霾主要出现在秋、冬和春季，月最多霾出现日数为1.7 d；轻雾、雾主要出现在夏季，以7月居多，月轻雾日数为0.4 d，月雾日数为3.0 d。

赤峰市闪电、雷暴、冰雹主要发生在5—9月，雷暴、冰雹以6月居多，雷暴为6.8 d，冰雹天数为0.4 d；闪电以7月最多，为0.3 d。

赤峰市地区全年雨日数为75.7 d，雪日数为16.5 d，降雨主要出现在夏季(5—9月)，以7月降水日数最多，为15.4 d，降雪日数最多出现在3月，为3.4 d，春季和秋季有雨雪交加或雨夹雪天气发生。

4.2　阿鲁科尔沁旗

阿鲁科尔沁旗位于赤峰市北部，地处中温带半干旱大陆性季风气候区，具有降水量小而不均、寒暑变化剧烈的显著特点。春季干旱大风多、蒸发量大；夏季雨热同期，降水集中；秋季短促，气温下降快，秋霜降临早；冬季漫长而寒冷，光照充足，积温有效性高。

初霜早，无霜期短。光照充足，积温有效性高，降水量偏小，蒸发量小。年平均气温为 6.8 ℃，极端最高气温为 42.7 ℃，极端最低气温为 −35.7 ℃，年平均降水量为 333.9 mm，年平均相对湿度为 48%，年平均日照时数为 3129.5 h，日照百分率为 71%，年蒸发量为 1988 mm，年平均风速为 2.6 m/s，最多风向为西北。本地降水量分布特点：降水主要集中在 6—8 月，约占年降水量的 69.4%，最大日降水量达 113.9 mm。冻土分布特点：10 月开始自北向南封冻，最大冻土深度可达 193 cm，次年 4 月开始冻土慢慢融化，并于 6 月化通。

阿鲁科尔沁旗天气现象统计详情见表 4.2.1。

表 4.2.1　阿鲁科尔沁旗主要天气现象统计(1991—2020 年平均)

天气现象	发生日数/d	天气现象	发生日数/d
霜	49.3	大风	27.4
沙尘暴	1.3	冰雹	0.6
雾	1.4	降雪	16.2

全年月最高气温 42.7 ℃，出现在 6 月，月最低气温 −35.7 ℃，出现在 1 月，月平均气温在 −13.3～℃～24.4 ℃，四季分明。各月气温情况如图 4.2.1 所示。

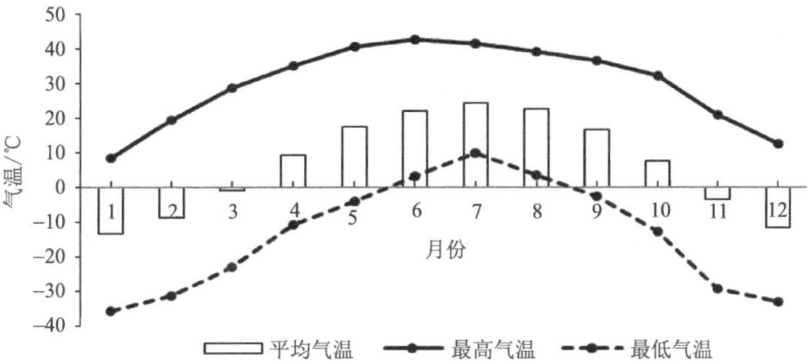

图 4.2.1　1991—2020 年阿鲁科尔沁旗各月气温情况

降水主要集中在 6—8 月，其中 7—8 月的降水量占全年降水量的 51.6 %，月降水量 7 月多于 8 月，且 7 月单次过程降水量大、持续时间长。各月降水量情况如图 4.2.2 所示。

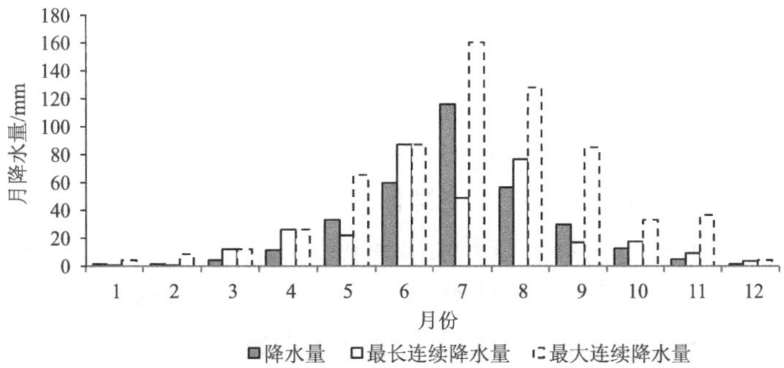

图 4.2.2　1991—2020 年阿鲁科尔沁旗降水量情况

年盛行静风，其频率为 20.65%，即全年 1/5 的时间风速较小，几乎无风；除静风外，主要盛行风向为西北，风向频率为 11.58%。具体风向频率如图 4.2.3 所示。

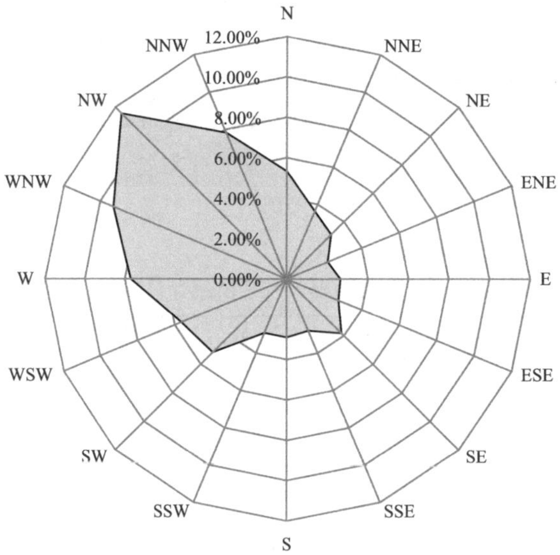

图 4.2.3　1991—2020 年阿鲁科尔沁旗风玫瑰图

霜、结冰、积雪日数月年变化一致性较高，冬季霜、结冰、积雪日数可超过每月日数的 50%，无霜期主要出现在 6—8 月，一般 9 月开始出现结冰，10 月开始出现积雪，次年 5 月积雪完全融化，6 月结冰消失；各月霜、结冰、积雪日数如图 4.2.4 所示。

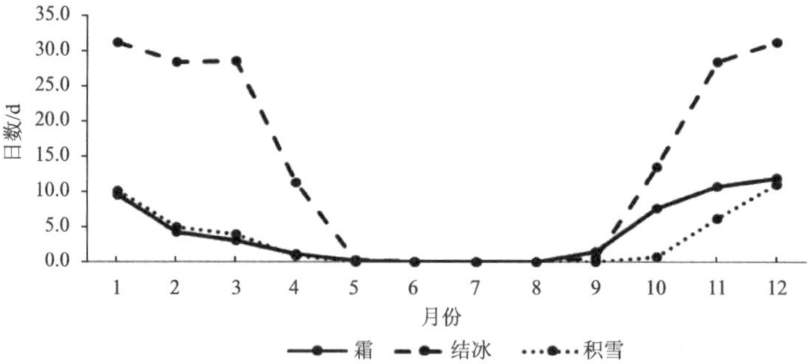

图 4.2.4　1991—2020 年阿鲁科尔沁旗霜、结冰、积雪日数

阿鲁科尔沁旗大风、沙尘天气较少，年沙尘日数 1.3 d，大风、沙尘天气主要发生在春季，大风较多日数主要出现在 4 月和 5 月，5 月平均沙尘暴日数为 0.4 d，平均扬沙日数为 1.2 d，平均大风日数为 5.5 d。各月扬沙、大风、沙尘暴日数如图 4.2.5 所示。

阿鲁科尔沁旗空气质量较好，雾、霾天气出现较少，霾主要出现在秋、冬和春季，月最多霾出现日数为 0.4 d；轻雾、雾主要出现在夏季，以 8 月居多，月雾日数为 0.5 d。

闪电、雷暴、冰雹主要发生在 5—9 月，雷暴、闪电、冰雹以 7 月居多，雷暴为 5.5 d，闪电为 0.6 d，冰雹为 0.2 d。

阿鲁科尔沁旗地区全年雨日数为 71.6 d，雪日数为 16.2 d，降雨主要出现在夏季（5—9

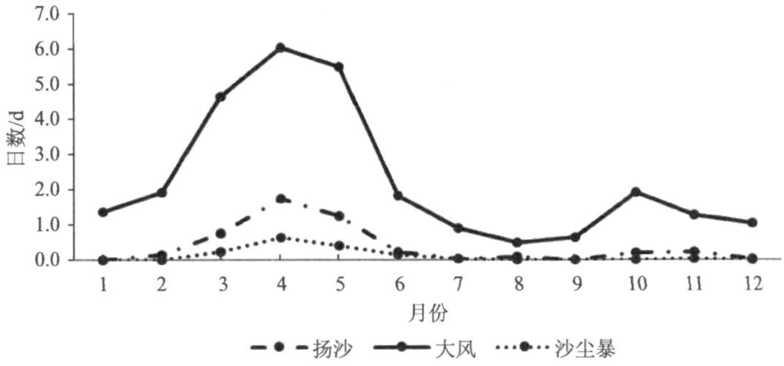

图 4.2.5　1991—2020 年阿鲁科尔沁旗扬沙、大风、沙尘暴日数

月)，以 6 月、7 月降水日数最多，均为 14.4 d，冬季以 12 月降雪日数最多，为 2.6 d，春季和秋季有雨雪交加或雨夹雪天气发生。

4.3　巴林右旗

巴林右旗位于内蒙古赤峰市北部，地处西拉沐沦河北岸，大兴安岭南段山地，地处中温带半干旱大陆性季风气候区，以草原草地为主。

四季分明，春季气温回升快，风多雨少，蒸发量大，干旱频率高；夏季温热短促，雨水集中，雨热同季，无霜期较短，日照充足，积温有效性高，降水量偏小，蒸发量大。年平均气温 6.1 ℃，极端最高气温为 42.1 ℃，极端最低气温为－32.3 ℃，年平均风速为 3.2 m/s，最多风向西，年平均降水量为 371.1 mm，年平均相对湿度为 49%，年平均日照时数为 2986.7 h，日照百分率为 68%，年蒸发量为 2031.3 mm，年平均风速为 3.2 m/s，最多风向为西。本地降水量分布特点：降水主要集中在 6—8 月，约占年降水量的 71%，最大日降水量达 128.8 mm。冻土分布特点：10 月开始自北向南封冻，最大冻土深度可达 205 cm，次年 4 月开始冻土慢慢融化，并于 6 月化通。

巴林右旗天气现象统计详情见表 4.3.1。

表 4.3.1　巴林右旗主要天气现象统计(1991—2020 年平均)

天气现象	发生日数/d	天气现象	发生日数/d
霜	39	大风	38.2
沙尘暴	1.1	冰雹	1.2
雾	1.2	降雪	18.8

全年月最高气温 41.2 ℃，出现在 6 月，月最低气温－32.3 ℃，出现在 1 月，月平均气温在－12.7～23.2 ℃，四季分明。各月气温情况如图 4.3.1 所示。

降水主要集中在 6—8 月，其中 7—8 月的降水量占全年降水量的 50.4%，月降水量 7 月多于 8 月，但 8 月单次过程降水量大、持续时间长。各月降水量情况如图 4.3.2 所示。

巴林右旗年最多风向为西，风向频率为 13.92%，即全年超过 1/8 的时间盛行西风；其次为西南风，风向频率为 13.14%；静风风向频率为 10.44%。具体风向频率如图 4.3.3 所示。

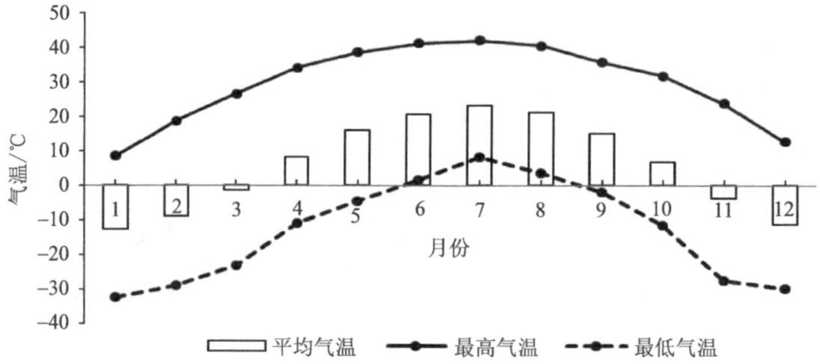

图 4.3.1　1991—2020年巴林右旗各月气温情况

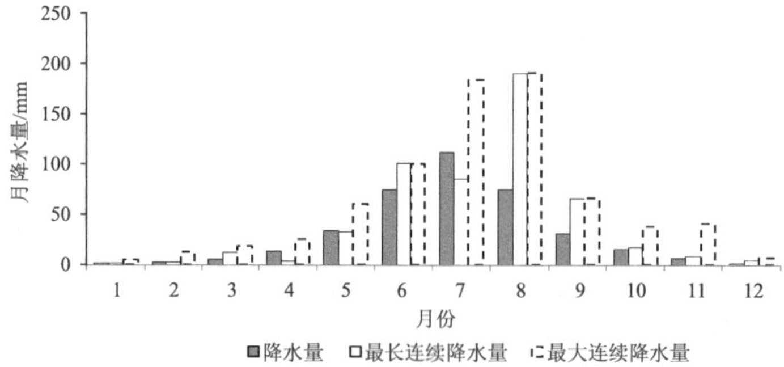

图 4.3.2　1991—2020年巴林右旗降水月平均值和降水月极值

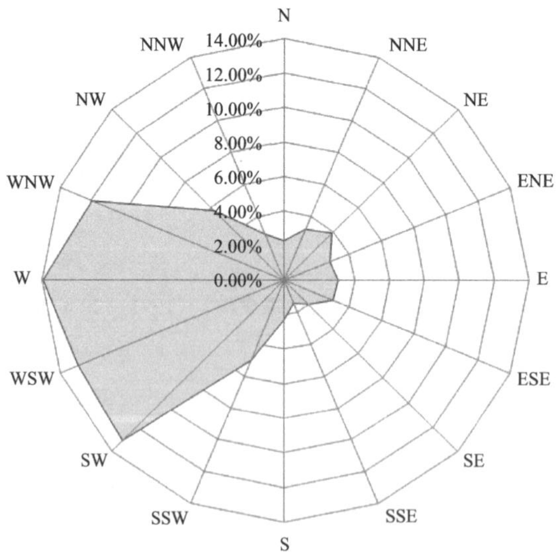

图 4.3.3　1991—2020年巴林右旗风玫瑰图

霜、结冰、积雪日数月年变化一致性较高，主要集中在10月到次年4月。秋、冬季霜日数最多在11月，达到29.7%，1月冬季结冰日数最多，超过当月日数的90%，1月积雪日数最多，达到当月日数的20%，无霜期主要出现在5—8月，一般9月开始出现结冰，11月开始出现积雪，次年5月积雪完全融化，6月结冰消失。各月霜、结冰、积雪日数如图4.3.4所示。

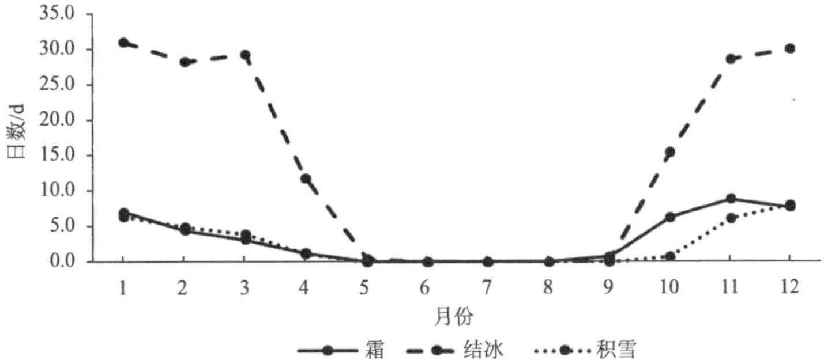

图 4.3.4　1991—2020 年巴林右旗霜、结冰、积雪日数

巴林右旗大风、沙尘天气较少，年沙尘暴日数 1.1 d，大风全年都有发生，沙尘天气主要发生在 2—5 月，大风较多日数主要出现在 5 月和 6 月，4 月平均沙尘暴日数为 0.6 d，平均扬沙日数为 1.1 d，平均大风日数为 6.7 d。各月扬沙、大风、沙尘暴日数如图 4.3.5 所示。

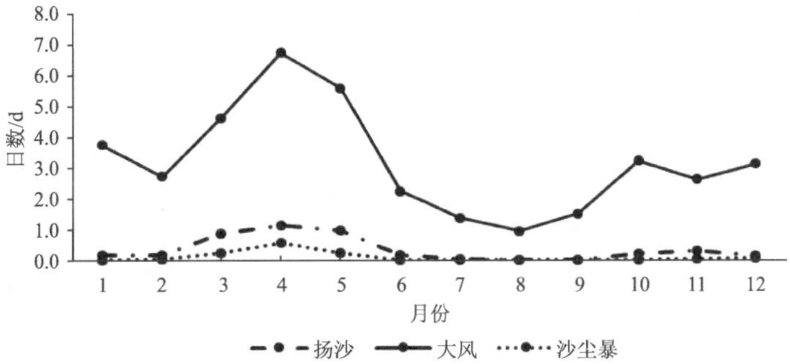

图 4.3.5　1991—2020 年巴林右旗扬沙、大风、沙尘暴日数

巴林右旗空气质量较好，雾、霾天气出现较少，霾主要出现在春季和夏季，月最多霾出现日数为 0.3 d；轻雾全年各季都有发生，雾主要出现在夏季和秋、冬季，轻雾以 7—8 月居多，月轻雾日数为 1.3 d，月雾日数为 0.4 d。

闪电、雷暴、冰雹主要发生在 5—10 月，雷暴以 8 月居多，雷暴日数为 7.2 d；闪电以 9 月居多，闪电为 1.1 d；冰雹以 7 月最多，为 0.4 d。

巴林右旗全年雨日数为 74.1 d，雪日数为 18.8 d，降雨主要出现在夏季(5—9 月)，以 7 月降水日数最多，为 15.8 d，冬季以 3 月降雪日数最多，为 4.2 d，春季和秋季有雨雪交加或雨夹雪天气发生。

4.4　巴林左旗

巴林左旗位于赤峰市北部大兴安岭南端山地。东与阿鲁科尔沁旗为邻，北与锡林郭勒盟的西乌旗交界，南部和西部与巴林右旗接壤，属中温带半干旱大陆性季风气候区。

四季分明，春季干旱多风，气温回升快，蒸发量大；夏季雨热同期，降水集中；秋季短促，气温下降快，初霜降临早，无霜期短；冬季漫长寒冷、降水少。光照充足，积温有效性高，降水量偏小，蒸发量也小。年平均气温为 6.4 ℃，年平均最高气温为 13.3 ℃，极端最高气温为 40.8 ℃，极端最低气温为－32.2 ℃，年平均降水量为 366.3 mm，年平均相对湿度为 49%，年平均日照时数为 3084.4 h，日照百分率为 71%，年蒸发量为 1624.9 mm，年平均风速为 2.4 m/s，最多风向为北北西。本地降水量分布特点：降水主要集中在 6—8 月，约占年降水量的 75%，最大日降水量达 112.2 mm。冻土分布特点：10 月开始自北向南封冻，最大冻土深度可达 175.0 cm，次年 4 月开始冻土慢慢融化，并于 6 月化通。

巴林左旗天气现象统计详情见表 4.4.1。

表 4.4.1　巴林左旗主要天气现象统计(1991—2020 年平均)

天气现象	发生日数/d	天气现象	发生日数/d
霜	45.7	大风	18.3
沙尘暴	0.6	冰雹	0.5
雾	1.4	降雪	16.9

全年月最高气温 40.8 ℃，出现在 7 月和 8 月，月最低气温－32.2 ℃，出现在 1 月，月平均气温在－12.7～23.5 ℃ ，四季分明。各月气温情况如图 4.4.1 所示。

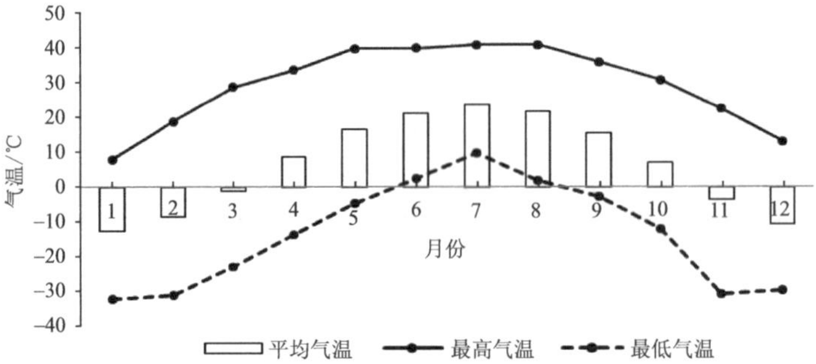

图 4.4.1　1991—2020 年巴林左旗各月气温情况

降水主要集中在 6—8 月，其中 7—8 月的降水量占全年降水量的 52.9%，月降水量 7 月多于 8 月，但 8 月单次过程降水量大且持续时间长。各月降水量情况如图 4.4.2 所示。

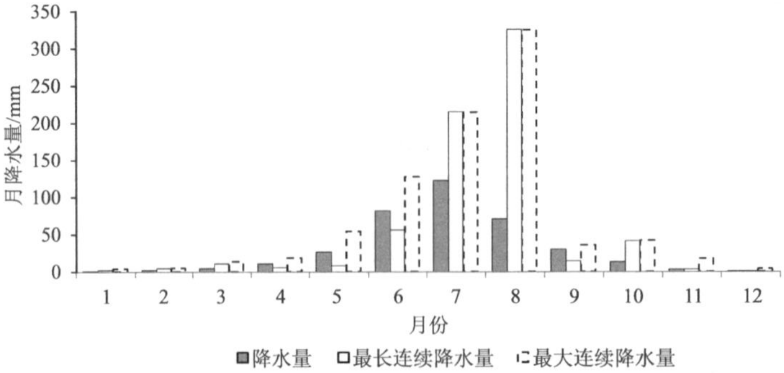

图 4.4.2　1991—2020 年巴林左旗降水月平均值和降水月极值

年盛行静风，其频率为 14.74%，即全年约 1/7 的时间风速较小，几乎无风；除静风外，主要盛行西北风，风向频率为 8.90%。具体风向频率如图 4.4.3 所示。

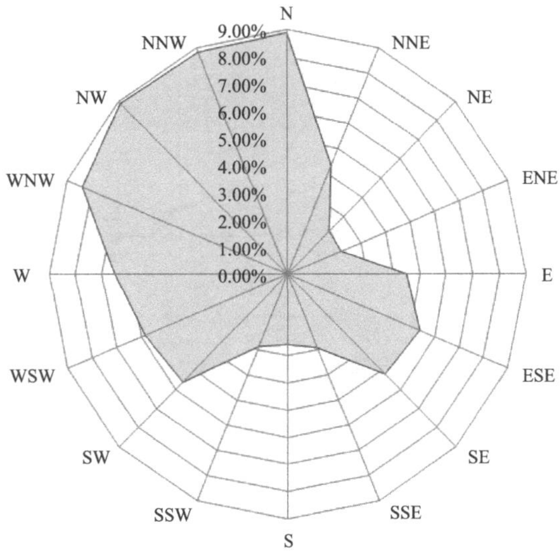

图 4.4.3　1991—2020 年巴林左旗风玫瑰图

晴天日数占全年日数的 36.5%，阴天日数占全年日数的 11.6%，晴天主要出现秋、冬季，最高可达每月日数的 61%，阴天主要出现在夏季，可达每月日数的 26%。

霜、结冰、积雪日数月年变化一致性较高，冬季结冰日数可超过每月的 90%，无霜期主要出现在 6—8 月，9 月开始出现结冰，10 月开始出现积雪，次年 5 月积雪完全融化，6 月结冰消失。各月霜、结冰、积雪日数如图 4.4.4 所示。

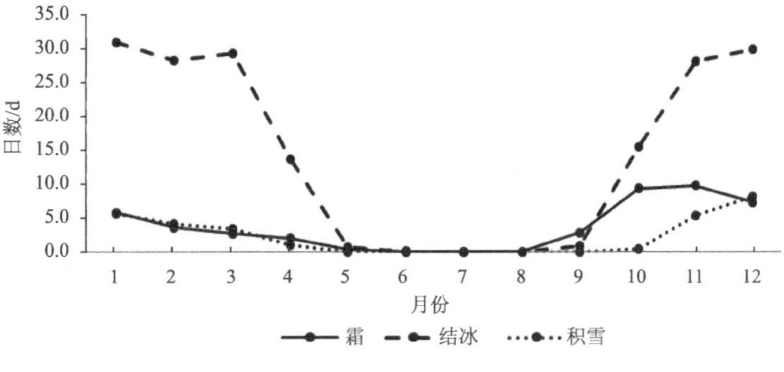

图 4.4.4　1991—2020 年巴林左旗霜、结冰、积雪日数

巴林左旗扬沙、沙尘天气较少，年沙尘暴日数不足 1 d，大风、扬沙天气主要发生在春季，大风较多日数主要出现在 4 月和 5 月，4 月平均沙尘暴日数为 0.2 d，平均扬沙日数为 1.0 d，平均大风日数为 4.8 d。各月扬沙、大风、沙尘暴日数如图 4.4.5 所示。

巴林左旗空气质量较好，雾、霾天气出现较少，霾主要出现在冬季和春季，月最多霾日数为 0.8 天；轻雾、雾主要出现在夏季，以 7 月居多，月轻雾日数为 1.7 d。

闪电、雷暴、冰雹主要发生在 5—9 月，雷暴以 6 月最多，为 6.7 d；闪电以 7 月最多，为 0.9 d；冰雹以 7—8 月最多，为 0.2 d。

巴林左旗地区全年雨日数为 76.6 d，雪日数为 16.9 d，降雨主要出现在夏季(5—9 月)，以 6 月降水日数最多，为 16.3 d，冬季以 12 月降雪日数最多，为 2.7 d，春季和秋季有雨雪交加或

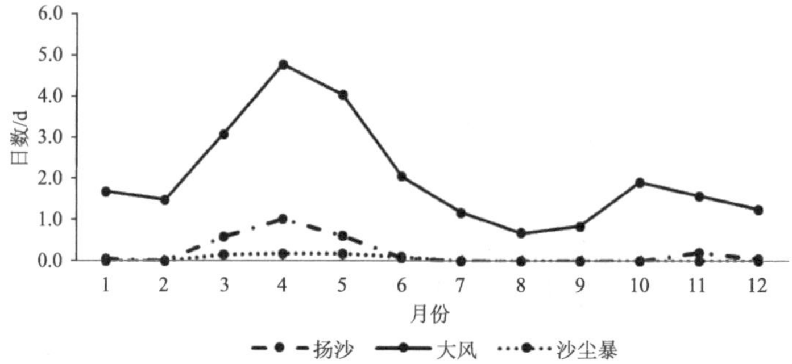

图 4.4.5　巴林左旗扬沙、大风、沙尘暴日数

雨夹雪天气发生。

4.5　喀喇沁旗

喀喇沁旗位于赤峰市西南部，属中温带半干旱大陆性季风气候区，全旗地形复杂多样，地势西南高东北低，自西南向东北倾斜，大致分为沿河平川地区、浅山丘陵区、高寒山区 3 大类型区。旗内西南部多山，天然植被较好；中部为黄土丘陵及山麓地带，山峦起伏，坡向多变，冲沟密布，植被较少，东部老哈河畔及锡泊河沿岸为河谷平原地区，土层较厚，水资源较丰富，为全旗主要粮食产区。四季分明，春季干旱频率较高，风多雨少，蒸发量大；夏季降水集中，雨热同期；秋季气温下降快，初霜降临早；冬季漫长而寒冷。

喀喇沁旗年平均气温为 7.1 ℃，极端最高气温为 39.5 ℃，极端最低气温为 −28.4 ℃，年平均降水量为 438.1 mm，年平均相对湿度为 50%，年日照时数为 2761.7 h，日照百分率为 63%，年蒸发量为 1645.9 mm，年平均风速为 1.9 m/s，最多风向为西南。本地降水量分布特点：降水主要集中在 5—9 月，约占年降水量的 85%。冻土分布特点：9 月开始自北向南封冻，最大冻土深度可达 152.0 cm，次年 3 月开始冻土慢慢融化，并于 5 月化通。

喀喇沁旗天气现象统计详情见表 4.5.1。

表 4.5.1　喀喇沁旗主要天气现象统计(1991—2020 年平均)

天气现象	发生日数/d	天气现象	发生日数/d
霜	96.6	大风	7.0
沙尘暴	0.8	冰雹	1.8
雾	0.5	降雪	23.6

全年月最高气温 39.5 ℃，出现在 7 月，月最低气温 −28.4 ℃，出现在 1 月，月平均气温在 −10.5～22.6 ℃，四季分明。各月气温情况如图 4.5.1 所示。

降水主要集中在 5—9 月，其中 7—8 月的降水量占全年降水量的 85%，最大连续降水量、最长连续降水量以及最大降水量均出现在 7 月。各月降水量情况如图 4.5.2 所示。

年盛行静风，其频率为 18.0%，除静风外，最多风向为西南，其频率为 17.06%。具体风向频率如图 4.5.3 所示。

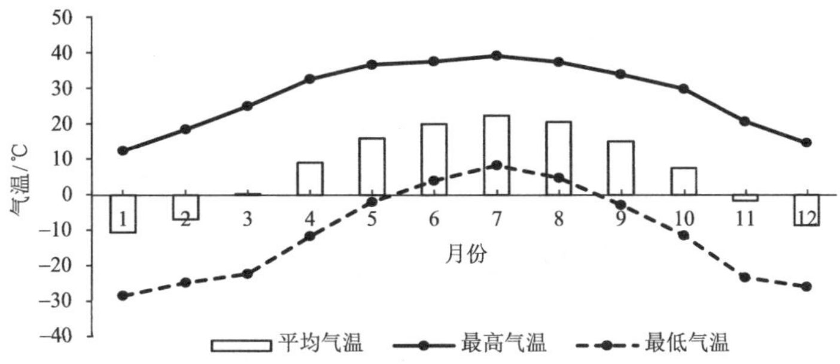

图 4.5.1　1991—2020 年喀喇沁旗各月气温情况

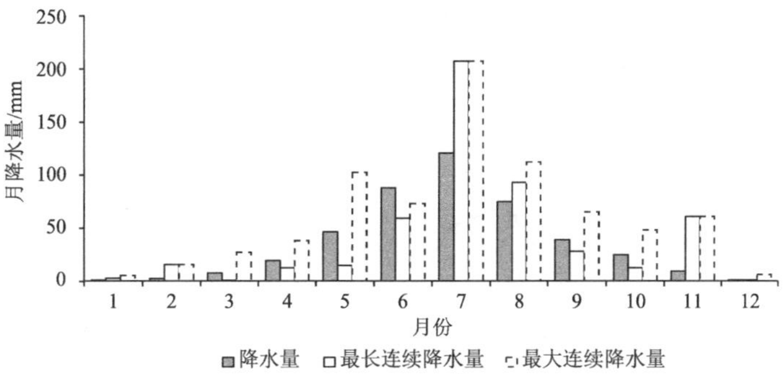

图 4.5.2　1991—2020 年喀喇沁旗降水月平均值和降水月极值

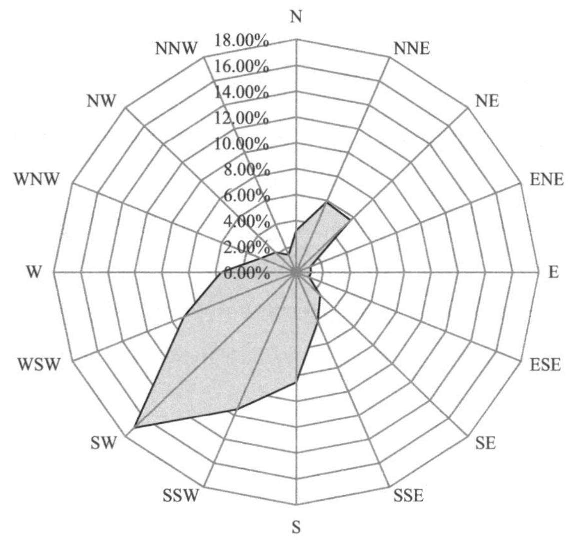

图 4.5.3　1991—2020 年喀喇沁旗风玫瑰图

霜、结冰、积雪日数月年变化一致性较高，冬季结霜日数占冬季日数的 42.7%、结冰日数占冬季日数的 84%，积雪日数则不足 10%。无霜期主要出现在 6—8 月，一般 10 月开始出现结冰与积雪，次年 5 月积雪完全融化，6 月结冰消失。各月霜、结冰、积雪日数如图 4.5.4 所示。

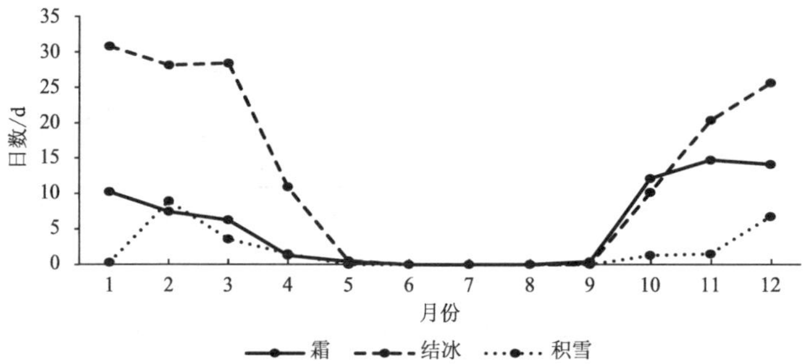

图 4.5.4　1991—2020 年喀喇沁旗霜、结冰、积雪日数

喀喇沁旗大风、沙尘天气较少，年沙尘暴日数不足 3 d，大风、沙尘天气主要发生在春季，大风较多日数主要出现在 4 月和 5 月，4 月平均扬沙日数为 1.5 d、沙尘暴日数为 0.3 d。各月扬沙、大风、沙尘暴日数如图 4.5.5 所示。

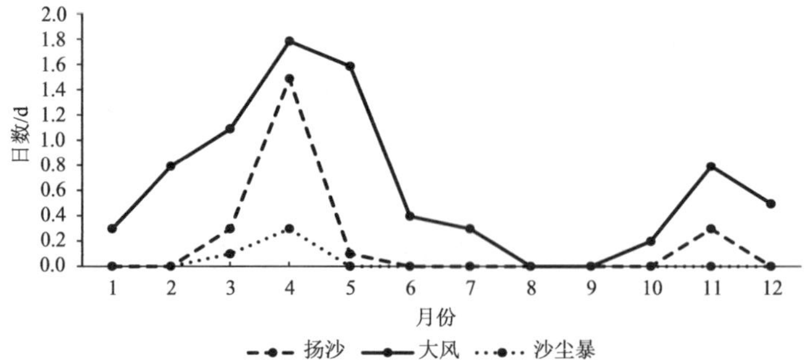

图 4.5.5　1991—2020 年喀喇沁旗扬沙、大风、沙尘暴日数

喀喇沁旗空气质量较好，雾、霾天气出现较少，月最多霾出现日数为 1.8 d；轻雾、雾主要出现在夏、秋季，以 8—9 月居多，月雾日数为 0.3 d。

闪电、雷暴、冰雹主要发生在夏季，雷暴、闪电以 6 月居多，雷暴为 15.3 d，闪电为 0.3 d；冰雹以 5 月最多，为 0.5 d。

喀喇沁旗全年雨日数为 90.3 d，雪日数为 23.6 d，降雨主要出现在 5—9 月，以 7 月降水日数最多，为 16.3 d，冬季以 3 月降雪日数最多，为 5.6 d，春季和秋季有雨雪交加或雨夹雪天气发生。

4.6　克什克腾旗

克什克腾旗地处内蒙古赤峰市西北部，本旗地处中温带半干旱大陆性季风气候区。主要气候特点是冬季漫长寒冷；春季干旱多风；夏季短促炎热，降水集中；秋季短促，气温下降快，霜冻降临早。年平均气温为 3.5 ℃，极端最高气温为 39.1 ℃，极端最低气温为 −35.3 ℃，年平均降水量为 389.5 mm，年平均相对湿度为 58%，年平均日照时数为 2940 h，日照百分率为 67%，年蒸发量为 1594.6 mm，年平均风速为 2.9 m/s，最多风向为西。本地降水量分布特点：降水主要集中在 6—8 月，约占年降水量的 63%，最大日降水量达 110.9 mm。冻土分布特点：

9 月开始自北向南封冻，最大冻土深度可达 263.0 cm，次年 4 月开始冻土慢慢融化，并于 6 月化通。

克什克腾旗天气现象统计详情见表 4.6.1。

表 4.6.1　克什克腾旗主要天气现象统计(1991—2020 年平均)

天气现象	发生日数/d	天气现象	发生日数/d
霜	97.7	大风	30.7
沙尘暴	1.6	冰雹	2.4
雾	0.7	降雪	59.0

全年月最高气温 39.1 ℃，出现在 7 月，月最低气温－35.3 ℃，出现在 1 月，月平均气温在－16.4～20.9 ℃，四季分明。各月气温情况如图 4.6.1 所示。

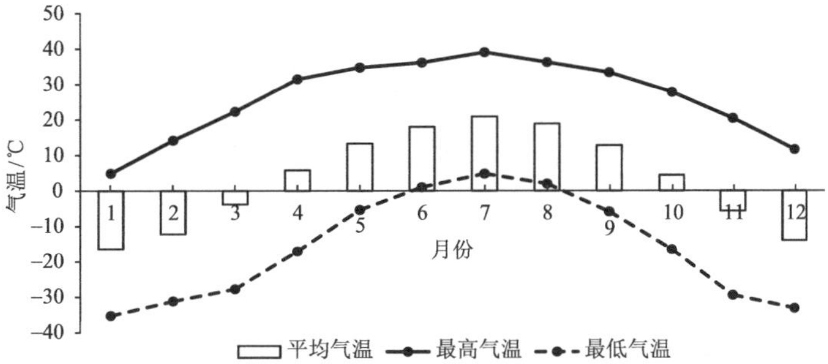

图 4.6.1　1991—2020 年克什克腾旗各月气温情况

降水主要集中在 6—8 月，其中 7—8 月的降水量占全年降水量的 46.4%，月降水量 7 月多于 8 月，且 7 月单次过程降水量大、持续时间长。各月降水量情况如图 4.6.2 所示。

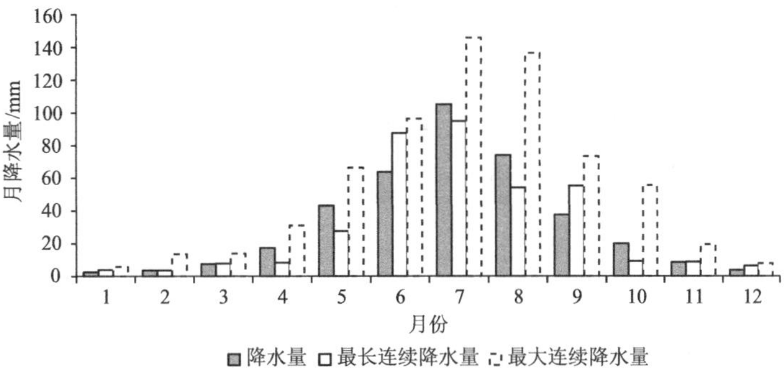

图 4.6.2　1991—2020 年克什克腾旗降水月平均值和降水月极值

克什克腾旗年最多风向为西，其频率为 21.28%，即全年超过 1/5 的时间盛行西风；其次为西北偏西风，风向频率为 17.23%；静风风向频率达 17.20%。具体风向频率如图 4.6.3 所示。

冬季结冰日数可超过每月的 96%，冬季积雪和霜日数可超过每月日数的 53%，无霜期主要出现在 6—8 月，一般 9 月开始出现结冰和积雪，次年 6 月积雪完全融化、结冰消失。各月霜、结冰、积雪日数如图 4.6.4 所示。

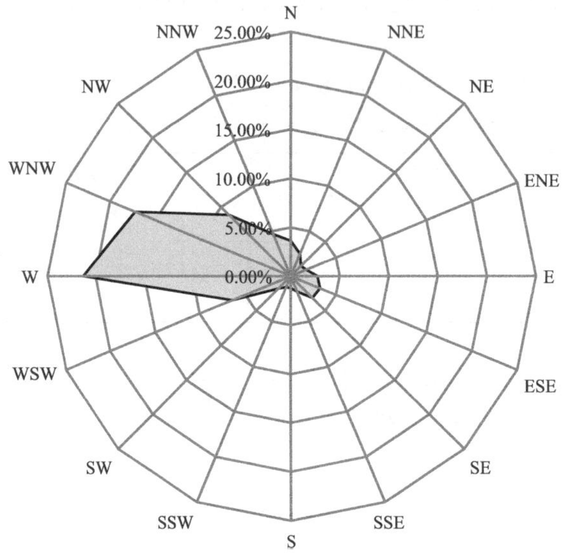

图 4.6.3　1991—2020 年克什克腾旗风玫瑰图

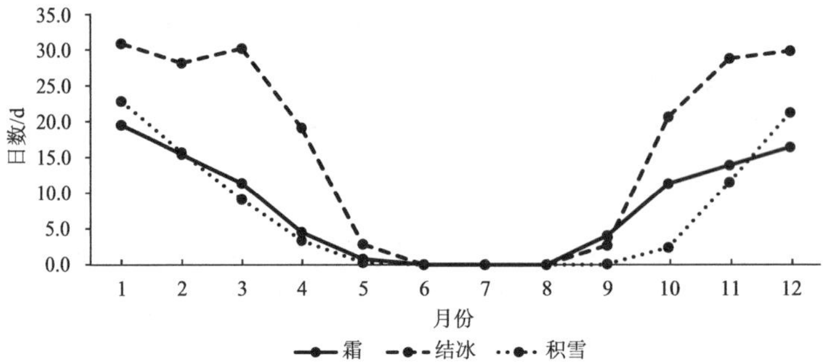

图 4.6.4　1991—2020 年克什克腾旗霜、结冰、积雪日数

克什克腾旗大风、沙尘天气主要发生在春季，大风较多日数主要出现在 4 月和 5 月，4 月平均大风日数为 5.8 d，平均沙尘暴日数为 0.5 d，平均扬沙日数为 1.8 d。各月扬沙、大风、沙尘暴日数如图 4.6.5 所示。

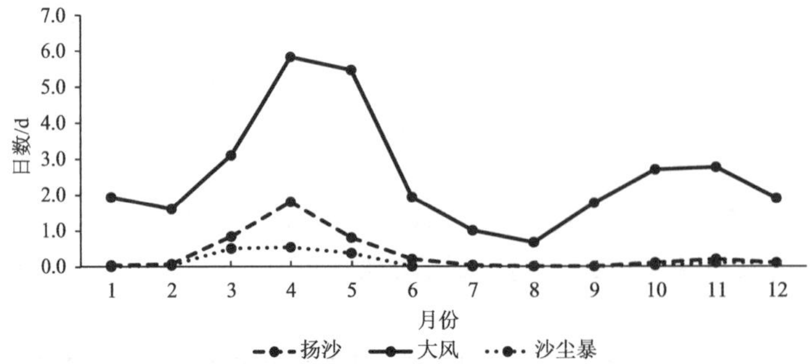

图 4.6.5　1991—2020 年克什克腾旗扬沙、大风、沙尘暴日数

克什克腾旗空气质量较好，雾、霾天气出现较少，霾主要出现在秋、冬和春季，月最多霾日数为 0.3 d；雾、轻雾主要出现在夏季，雾以 7 月居多，为 0.2 d，轻雾以 8 月居多，为 3.0 d。

闪电、雷暴、冰雹主要发生在 5—9 月，雷暴以 7 月居多，为 7.7 d；闪电以 7—8 月居多，为 0.6 d；冰雹以 6 月居多，为 0.8 d。

克什克腾地区全年雨日数为 91.2 d，雪日数为 59.0 d，雨季主要出现在夏季(5—9 月)，以 7 月降水日数最多，为 18.8 d，冬季以 12 月降雪日数最多，为 12 d，春季和秋季有雨雪交加或雨夹雪天气发生。

4.7　林西县

林西县位于内蒙古赤峰市北部，地势西北高东南低，山地与平川过渡区，大多较平缓，呈现群山绵延，河谷平川逶迤其间的地貌特征。

属中高纬温带半干旱大陆性季风气候区，四季分明，冬季漫长寒冷，积温有效性高；春季干旱多风，气温回升快，蒸发量大；夏季降水集中，雨热同期；秋季短促，气温下降快，初霜降临早。年平均气温 5.3 ℃，极端最高气温 40.4 ℃，极端最低气温－31.6 ℃，年平均降水量 362.1 mm，年平均相对湿度 49%，年平均日照时数 2949.9 h，年蒸发 2011.6 mm，年平均风速 2.7 m/s，最多风向为西西南。本地降水量分布特点：降水主要集中在 6—8 月，约占年降水量的 71%，最大日降水量达 64.0 mm。冻土分布特点：10 月开始自北向南封冻，最大冻土深度可达 124.3 cm，次年 4 月开始冻土慢慢融化，并于 6 月化通。

林西县天气现象统计详情见表 4.7.1。

表 4.7.1　林西县主要天气现象统计(1991—2020 年平均)

天气现象	发生日数/d	天气现象	发生日数/d
霜	48	大风	25.2
沙尘暴	0.6	冰雹	0.8
雾	0.8	降雪	23.9

全年月最高气温 40.4 ℃，出现在 7 月，月最低气温－31.6 ℃，出现在 12 月，月平均气温在－13.5～22.1 ℃，四季分明。各月气温情况如图 4.7.1 所示。

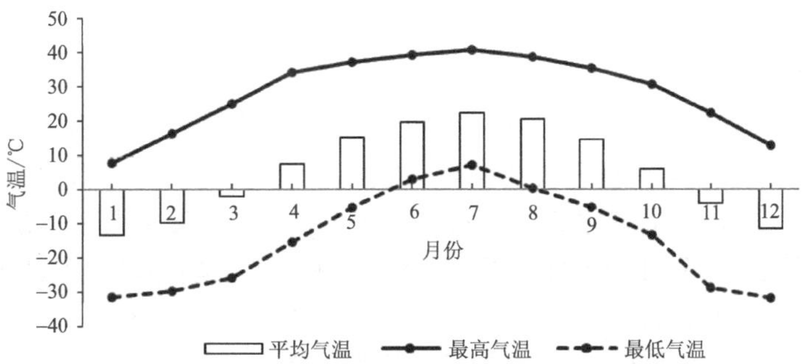

图 4.7.1　1991—2020 年林西县各月气温情况

降水主要集中在 6—8 月，其中 7—8 月的降水量占全年降水量的 49.0%，月降水量、单次过程降水量 7 月多于 8 月，8 月单次降水过程持续时间长，7 月最大连续降水量大。各月降水量情况如图 4.7.2 所示。

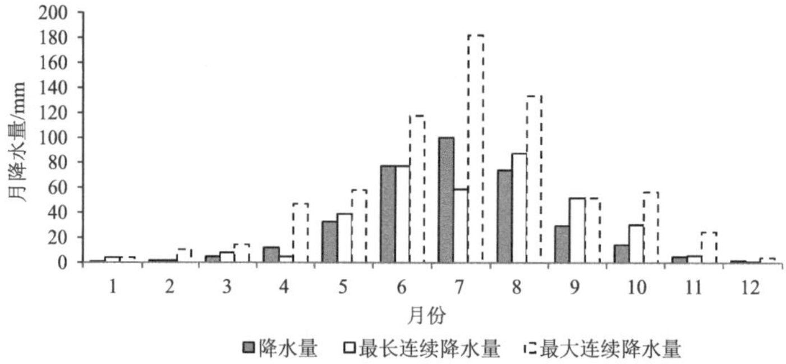

图 4.7.2　1991—2020 年林西县降水月平均值和降水月极值

年盛行静风，其频率为 15.11%，即全年约 1/7 的时间风速较小，几乎无风；除静风外，主要盛行风向为西南西，风向频率为 13.31%。具体风向频率如图 4.7.3 所示。

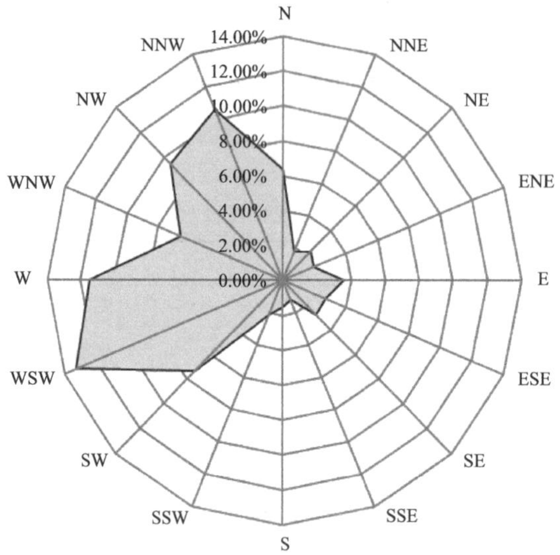

图 4.7.3　1991—2020 年林西县风玫瑰图

晴天日数占全年日数的 34.1%，阴天日数占全年日数的 11.6%，晴天主要出现在秋、冬季，可达每月日数的 42.7%，阴天主要出现在夏季，可达每月日数的 23%。

霜、结冰、积雪日数月年变化一致性较高，冬季结冰日数可超过每月日数的 99%，冬季霜日数可超过每月日数的 28%，冬季积雪日数可达每月的 20%，无霜期主要出现在 6—8 月，一般 9 月开始出现结冰，10 月开始出现积雪，次年 5 月积雪完全融化，6 月结冰消失。各月霜、结冰、积雪日数如图 4.7.4 所示。

林西县扬沙、沙尘天气较少，年沙尘暴日数只为 0.6 d，年扬沙日数为 4.1 d，大风天气主要发生在春季，大风较多日数主要出现在 4 月和 5 月，4 月平均大风日数为 5.8 d。各月扬沙、大风、沙尘暴日数如图 4.7.5 所示。

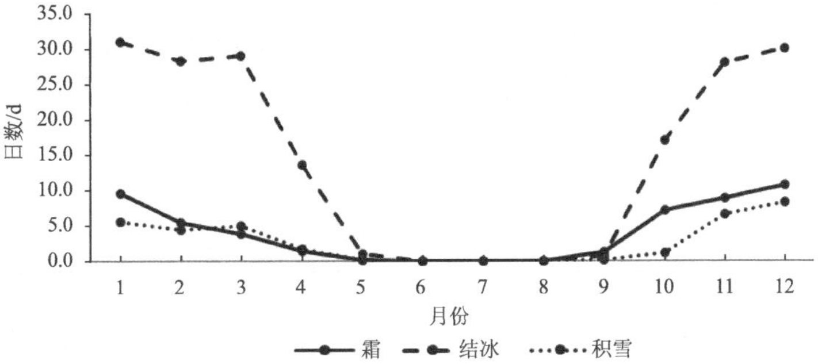

图 4.7.4　1991—2020 年林西县霜、结冰、积雪日数

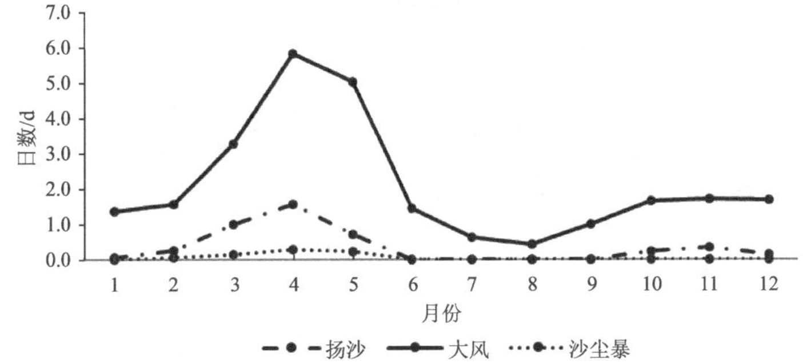

图 4.7.5　1991—2020 年林西县扬沙、大风、沙尘暴日数

林西县空气质量较好，雾、霾天气出现较少，霾主要出现在春季和冬季，月最多日数为 1.9 d；轻雾主要出现在夏季和秋季，以 7 月居多，月雾日数为 0.2 d。

闪电、雷暴、冰雹主要发生在 5—9 月，以 7 月居多，雷暴为 7.5 d，闪电为 0.6 d；冰雹以 6 月最多，为 0.4 d。

林西县全年雨日数为 81.3 d，雪日数为 23.9 d，雨季主要出现在夏季(5—9 月)，以 7 月降水日数最多，为 17.4 d，冬季以 11 月降雪日数最多，为 3.9 d，春季和秋季有雨雪交加或雨夹雪天气发生。

4.8　宁城县

宁城县地处内蒙古赤峰市最南端，位于内蒙古、辽宁、河北三省(区)交界处。属于中温带半干旱大陆性季风气候区。四季分明，春季天气多变，气温回升快，多风少雨(雪)，干旱频率高。夏季降水集中，雨热同期，降水时空分布不均，也常出现不同程度的伏旱。秋季短促，气温下降快，秋霜早。冬季漫长寒冷，降水量小。年平均气温 7.6 ℃，极端最高气温 42.8 ℃，极端最低气温－32.7 ℃，年平均降水量 432.7 mm，年平均相对湿度 55%，年平均日照时数 2870.5 h，日照百分率为 66%，年蒸发量为 1562.4 mm，年平均风速为 2.4 m/s，最多风向为南东南。本地降水量分布特点：降水主要集中在 6—8 月，约占年降水量的 65.8%，最大日降水量达 168.6 mm。冻土分布特点：10 月开始自北向南封冻，最大冻土深度可达 153.0 cm，次年 4 月开始冻土慢慢融化，并于 6 月化通。

宁城县天气现象统计详情见表4.8.1。

表4.8.1　宁城县主要天气现象统计(1991—2020年平均)

天气现象	发生日数/d	天气现象	发生日数/d
霜	75.5	大风	12.3
沙尘暴	0.4	冰雹	0.9
雾	8.7	降雪	17.6

全年月最高气温42.8 ℃,出现在7月,月最低气温−32.7 ℃,出现在1月,月平均气温在−11.2～23.5 ℃,四季分明。各月气温情况如图4.8.1所示。

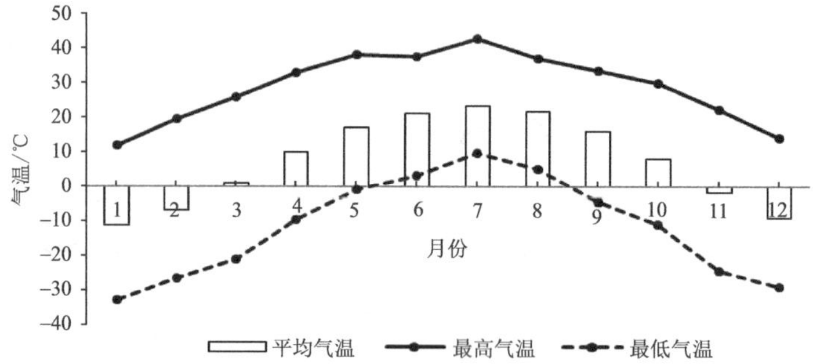

图4.8.1　1991—2020年宁城县各月气温情况

降水主要集中在6—8月,其中7—8月的降水量占全年降水量的47.2%,月降水量7月多于8月,同时7月单次过程降水量大、持续时间长。各月降水量情况如图4.8.2所示。

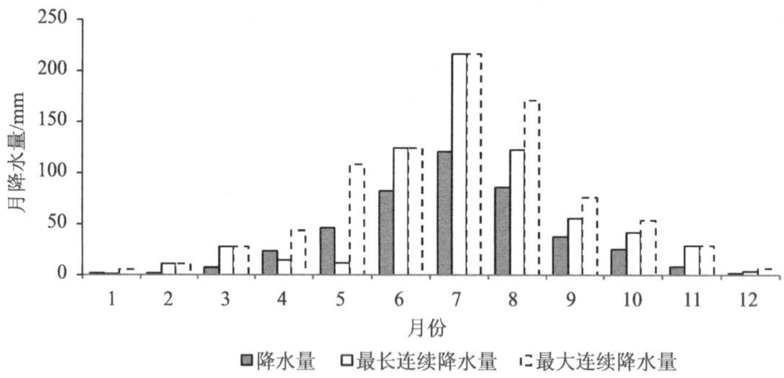

图4.8.2　1991—2020年宁城县降水月平均值和降水月极值

年盛行静风,其频率为14.45%,即全年约1/7的时间风速较小,几乎无风;除静风外,主要盛行风向为南西南,风向频率为10.64%。具体风向频率如图4.8.3所示。

霜、结冰、积雪日数月年变化一致性较高,冬季霜日数可达每月日数的40.6%、结冰日数可达每月日数的99%,无霜期主要出现在6—8月,一般9月开始出现结冰,10月开始出现积雪,次年6月积雪完全融化并结冰消失。各月霜、结冰、积雪日数如图4.8.4所示。

宁城县大风、沙尘天气较少,大风、沙尘天气主要发生在春季,大风较多日数主要出现在4月和5月,4月平均沙尘暴日数为0.2 d,平均扬沙日数为1.6 d,平均大风日数为3.1 d。各月扬沙、大风、沙尘暴日数如图4.8.5所示。

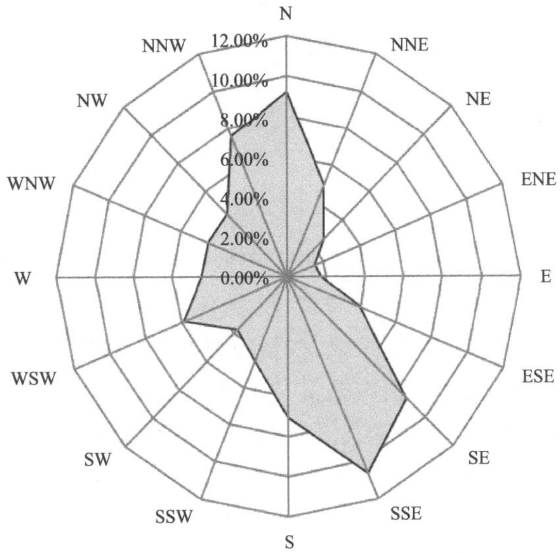

图 4.8.3　1991—2020 年宁城县风玫瑰图

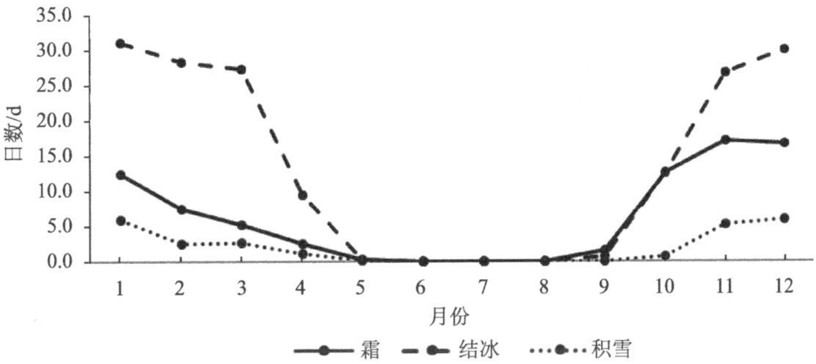

图 4.8.4　1991—2020 年宁城县霜、结冰、积雪日数

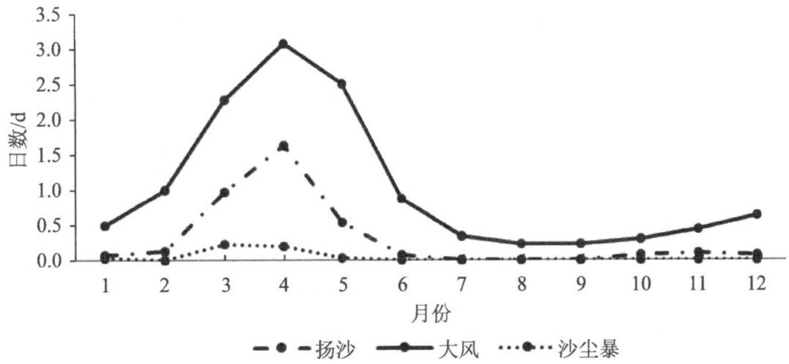

图 4.8.5　1991—2020 年宁城县扬沙、大风、沙尘暴日数

宁城县空气质量较好，雾、霾天气出现较少，霾主要出现在冬季，月最多霾日数为 2.7 d；轻雾、雾主要出现在夏季，以 7 月居多，月轻雾日数为 7.1 d。

闪电、雷暴、冰雹主要发生在 5—9 月，雷暴、冰雹均以 6 月最多，雷暴为 7.0 d，闪电为 0.4 d；闪电以 9 月最多，为 0.2 d。

宁城县全年雨日数为75.2 d,雪日数为17.6 d,降雨主要出现在夏季(5—9月),以7月降水日数最多,为14.6 d,冬季以3月降雪日数最多,为3.6 d,春季和秋季有雨雪交加或雨夹雪天气发生。

4.9 翁牛特旗

翁牛特旗地处内蒙古赤峰市中部,地势西高东低,并由西向东缓慢倾斜,属中温带半干旱大陆性季风气候区。四季分明,冬季漫长寒冷,积温有效性高;春季干旱多风,气温回升快,蒸发量大;夏季降水集中,雨热同期;秋季短促,气温下降快,初霜降临早。

翁牛特旗年平均气温为6.9 ℃,极端最高气温为40.5 ℃,极端最低气温为−28.8 ℃,年平均降水量为345.4 mm,年平均相对湿度为47%,年平均日照时数为3043.4 h,日照百分率为70%,年蒸发量为1997.4 mm,年平均风速为2.9 m/s,最多风向为西北。本地降水量分布特点:降水主要集中在6—8月,约占年降水量的67%,最大日降水量达143.2 mm。冻土分布特点:10月开始封冻,最大冻土深度可达180.0 cm,次年3月开始冻土慢慢融化,并于6月化通。

翁牛特旗天气现象统计详情见表4.9.1。

表4.9.1 翁牛特旗主要天气现象统计(1991—2020年平均)

天气现象	发生日数/d	天气现象	发生日数/d
霜	30.1	大风	27.5
沙尘暴	0.5	冰雹	0.5
雾	1.8	降雪	20.5

全年月最高气温40.5 ℃,出现在7月,月最低气温−28.8 ℃,出现在2月,月平均气温在−11.6~23.3 ℃,四季分明。各月气温情况如图4.9.1所示。

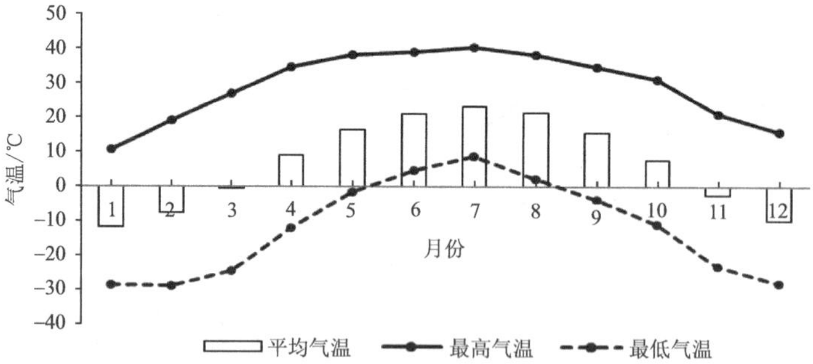

图4.9.1 1991—2020年翁牛特旗各月气温情况

降水主要集中在6—8月,其中6—7月的降水量占全年降水量的49.1%,月降水量7月多,但6月单次过程降水量大,9月单次降水过程持续时间长。各月降水量情况如图4.9.2所示。

翁牛特旗年最多风向为西北,其频率为12.84%;静风频率为11.93%,即全年超过1/10的时间风速较小,几乎无风。具体风向频率如图4.9.3所示。

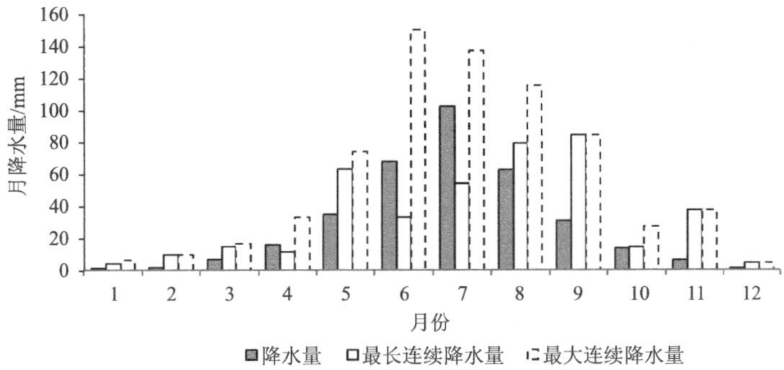

图 4.9.2　1991—2020 年翁牛特旗降水月平均值和降水月极值

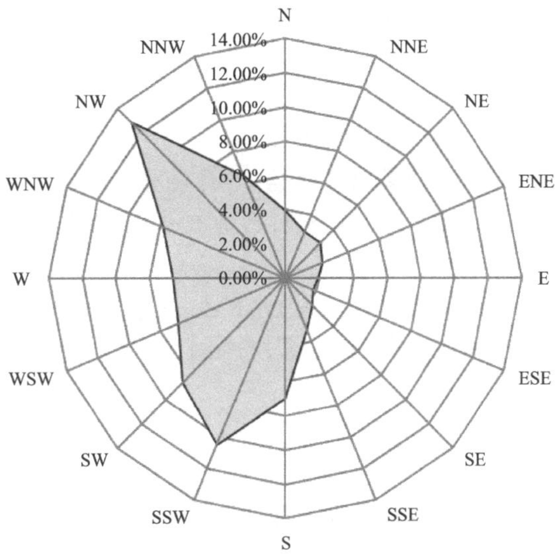

图 4.9.3　1991—2020 年翁牛特旗风玫瑰图

晴天日数占全年日数的 36.3%，阴天日数占全年日数的 12.1%，晴天主要出现在秋、冬季，可达每月日数的 50%，阴天主要出现在夏季。

霜、结冰、积雪日数月年变化一致性较高，无霜期主要出现在 6—8 月，一般 9 月开始出现结冰，10 月开始出现积雪，次年 5 月积雪完全融化，6 月结冰消失。各月霜、结冰、积雪日数如图 4.9.4 所示。

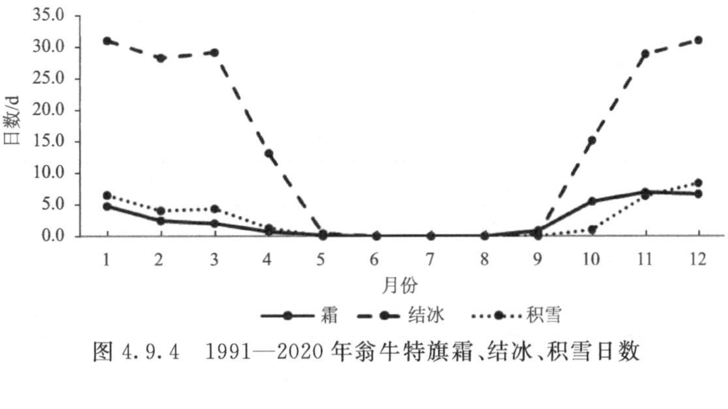

图 4.9.4　1991—2020 年翁牛特旗霜、结冰、积雪日数

翁牛特旗沙尘天气较少，大风、沙尘天气主要发生在春季，大风较多日数主要出现在4月，为5.4 d；3月和4月平均沙尘暴日数均为0.2 d；4月平均扬沙日数为1.7 d。各月扬沙、大风、沙尘暴日数如图4.9.5所示。

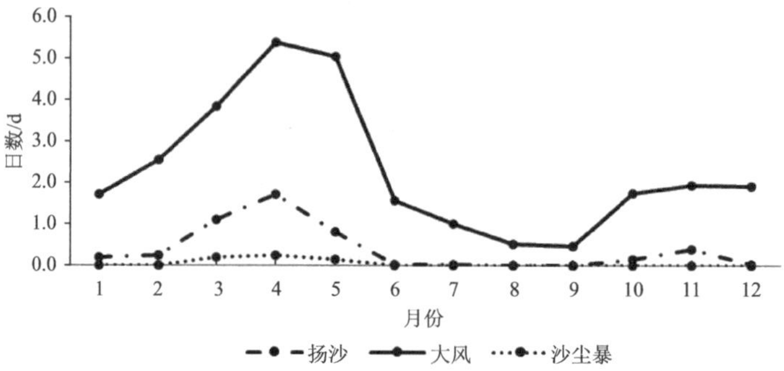

图4.9.5 1991—2020年翁牛特旗扬沙、大风、沙尘暴日数

翁牛特旗霾主要出现在秋、冬和春季，2月最多霾日数为1.8 d；轻雾、雾主要出现在夏季，雾以8月居多，月雾日数为0.7 d；轻雾以7月居多，月轻雾日数为2.9 d。

闪电、雷暴、冰雹均以7月居多，闪电出现日数为0.6 d、雷暴出现日数为6.8 d、冰雹出现日数为0.2 d。

翁牛特旗全年雨日数为76.4 d，雪日数为20.5 d，降雨主要出现在夏季(5—9月)，以7月降水日数最多，为16.3 d，以3月降雪日数最多，为4.4 d。

4.10 敖汉旗

敖汉旗位于赤峰市东南部，西北部隔老哈河与翁牛特旗和松山区交界，西部与辽宁省建平县为邻，东南部隔努鲁尔虎山与辽宁的朝阳市、北票市相望，东部与通辽市的奈曼旗毗邻，全旗辖15个乡(镇、苏木)、1个办事处，总面积为8300 km^2，2010年年末全旗总人口达60万，有蒙、汉、满、苗、壮等多个民族。敖汉旗属于中温带半干旱大陆性季风气候区，是农业主产区。四季分明，冬季漫长而寒冷，春季干旱多大风，夏季短促而炎热，秋季气温下降快，初霜降临早。

敖汉旗全年平均气温7.1 ℃，极端最高气温41.7 ℃，极端最低气温−34.2 ℃，年平均降水量404.5 mm，年平均相对湿度51%，年平均日照时数2970.9 h，日照百分率68%，年蒸发量2206.1 mm，年平均风速3.5 m/s，最多风向为南西南。本地降水量分布特点：降水主要集中在6—8月，约占年降水量的65.4%，最大日降水量达131.5 mm。冻土分布特点：10月开始自北向南封冻，最大冻土深度可达156.0 cm，次年4月开始冻土慢慢融化，并于6月化通。

敖汉旗天气现象统计详情见表4.10.1。

表4.10.1 敖汉旗主要天气现象统计(1991—2020年平均)

天气现象	发生日数/d	天气现象	发生日数/d
霜	28.8	大风	29.8
沙尘暴	0.2	冰雹	0.9
雾	1.2	降雪	21.2

全年月最高气温 38.9 ℃，出现在 6 月，月最低气温 −34.2 ℃，出现在 1 月，月平均气温在 −11.7～23.3 ℃，四季分明。各月气温情况如图 4.10.1 所示。

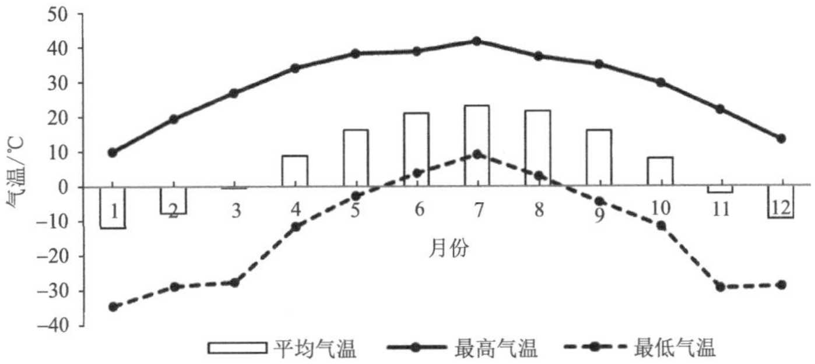

图 4.10.1　1991—2020 年敖汉旗各月气温情况

降水主要集中在 6—8 月，其中 7 月的降水量最大，占全年降水量的 27.5%，6 月和 8 月降水量相近，5—8 月最大连续降水量大于最长连续降水量，即单次过程降水量大但持续时间短。各月降水量情况如图 4.10.2 所示。

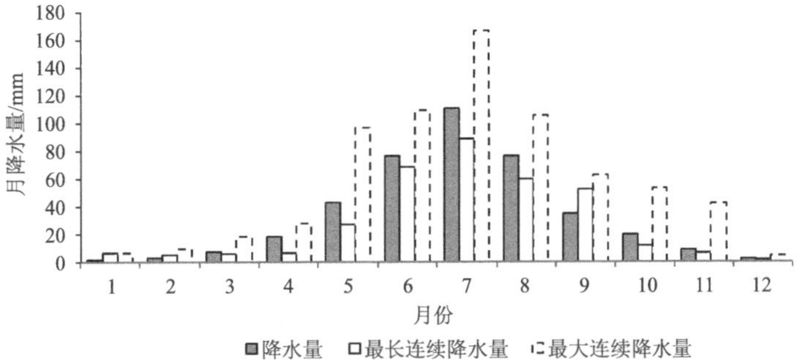

图 4.10.2　1991—2020 年敖汉旗降水量情况

敖汉旗年最多风向为南西偏南，其频率为 21.3%，即全年超过 1/5 的时间盛行南西偏南风；静风的风向频率为 8.86%，即全年有接近 1/12 的时间为无风或风速很小。具体风向频率如图 4.10.3 所示。

霜、积雪日数月年变化一致性较高，冬季霜、积雪日数相对较少，约为每月日数的 35%，结冰日数较多，11 月至次年 2 月，几乎 90%的时间都是结冰期，无霜期主要出现在 5—9 月，一般 9 月开始出现结冰和积雪，次年 2 月积雪慢慢融化，5 月积雪完全融化，结冰消失。各月霜、结冰、积雪日数如图 4.10.4 所示。

敖汉旗沙尘天气较少，年沙尘日数 2.6 d，从多年平均来看，沙尘暴很少出现，沙尘天气以扬沙为主，主要出现在春季，以 4 月最为明显，扬沙日数为 1.2 d；敖汉旗大风天气相对沙尘天气较多，以春季最为显著，秋、冬季也较明显，其中 4 月大风日数达 5.6 d，冬季 11 月达 2.6 d。各月扬沙、大风、沙尘暴日数如图 4.10.5 所示。

敖汉旗空气质量较好，雾、霾天气出现较少，主要以轻雾为主。霾主要出现在夏季和秋季，月最多霾日数为 0.3 d；轻雾、雾主要出现在夏季，以 8 月居多，月雾日数为 0.3 d，月轻雾日数为 2.0 d。

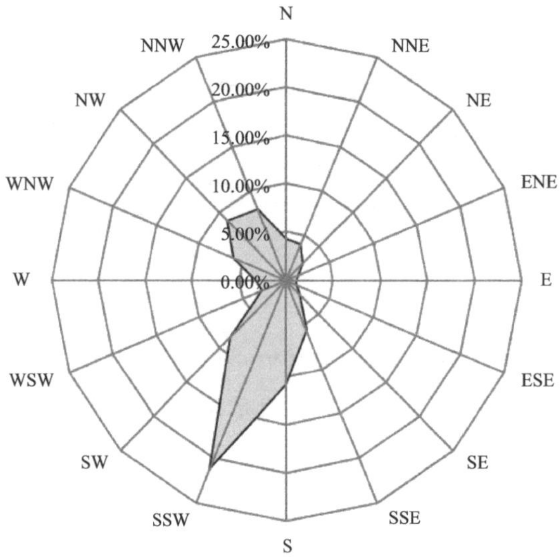

图 4.10.3　1991—2020 年敖汉旗风玫瑰图

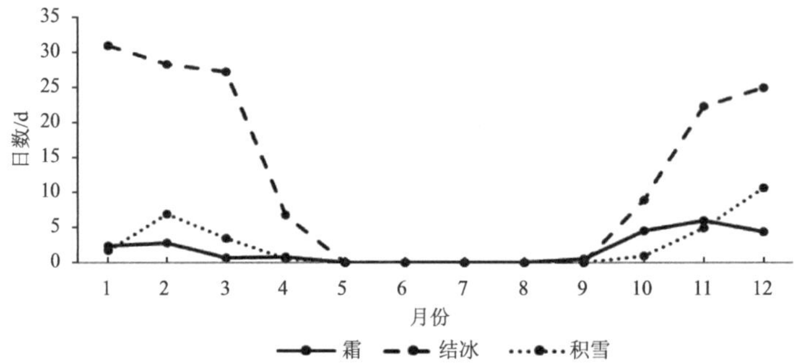

图 4.10.4　1991—2020 年敖汉旗霜、结冰、积雪日数

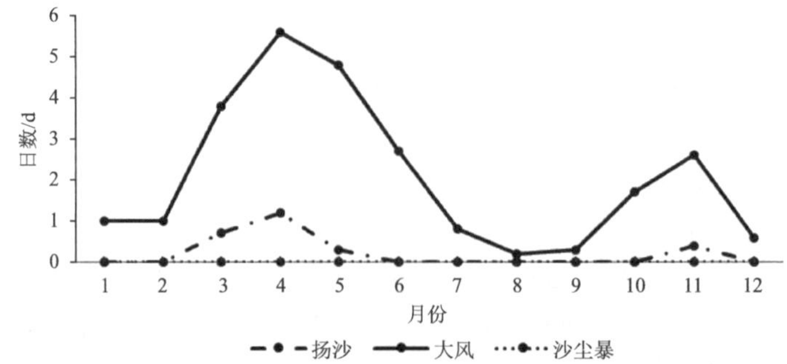

图 4.10.5　1991—2020 年敖汉旗扬沙、大风、沙尘暴日数

闪电、雷暴、冰雹主要发生在夏季，闪电主要发生在 6—9 月，以 6 月最多，为 0.5 d，其他月份闪电很少；冰雹主要发生在 6—8 月，最多月冰雹日数为 0.4 d；雷暴发生较多，主要在 4—10 月，集中在 5—7 月，最多为 6 月，为 6.4 d。

敖汉旗全年雨日数为 72.2 d,雪日数为 21.2 d,降雨出现在 3—11 月,主要出现在夏季(5—9 月),以 7 月降水日数最多,为 14.7 d,降雪主要出现在 10 月至次年 4 月,冬季以 2 月降雪日数最多,为 4.2 d,春季 3—4 月和秋季 10—11 月雨雪交替及雨夹雪过程明显。